智能机器人先进技术丛书

群机器人协调控制

Swarm Robotic Coordinated Control

薛颂东　著

北京理工大学出版社

BEIJING INSTITUTE OF TECHNOLOGY PRESS

图书在版编目（CIP）数据

群机器人协调控制/薛颂东著 . —北京：北京理工大学出版社，
2016.11

ISBN 978 - 7 - 5682 - 3177 - 0

Ⅰ . ①群…　Ⅱ . ①薛…　Ⅲ . ①机器人控制–协调控制–研究

Ⅳ.①TP24

中国版本图书馆 CIP 数据核字（2016）第 239792 号

出版发行 / 北京理工大学出版社有限责任公司		
社　　址 / 北京市海淀区中关村南大街 5 号		
邮　　编 / 100081		
电　　话 / （010）68914775（总编室）		
82562903（教材售后服务热线）		
68948351（其他图书服务热线）		
网　　址 / http：//www. bitpress. com. cn		
经　　销 / 全国各地新华书店		
印　　刷 / 保定市中画美凯印刷有限公司		
开　　本 / 710 毫米×1000 毫米　1/16		
印　　张 / 11	责任编辑 / 封　雪
字　　数 / 177 千字	文案编辑 / 张鑫星
版　　次 / 2016 年 11 月第 1 版　2016 年 11 月第 1 次印刷	责任校对 / 周瑞红
定　　价 / 58.00 元	责任印制 / 王美丽

序

作为人工群体系统和一类特殊的多机器人，群机器人由大量功能相对简单的自主移动机器人组成，能够通过特定的集体行为设计和协调控制，在分布式机制下自组织地涌现期望的集体行为，执行相对复杂的给定任务。微观层面上，功能同构的成员机器人能对环境产生有限感知，在仅遵循简单行为规则的前提下，通过机器人与机器人之间、机器人与环境之间的局部交互，自主规划自身行为，进而在宏观层面上自组织地涌现群体智能。群机器人学是机器人技术和群体智能计算方法结合的产物，故群机器人较单体机器人和一般意义上的多机器人具有更为理想的柔性、鲁棒性和规模可伸缩性等系统特征。现有的群机器人协调控制方法，多源于但不囿于自然界群居生物的行为研究。本书即从自然启发的角度，以目标搜索任务为载体，阐述群机器人的协调控制方法、策略及算法，期望为群机器人领域和智能控制、智能计算等相关领域的研究人员提供参考和借鉴。

本书取材于作者近年来的相关研究，根据内容组织确定行文逻辑并安排章节。首先，综述群机器人研究，给出群机器人系统特征，明确其与一般意义上的多机器人的区分准则，强调集体行为的自组织涌现控制原则。然后，评述群机器人系统建模方法，重点阐述本书使用的扩展微粒群算法建模和协调控制方法。再后，围绕基于扩展微粒群算法模型的群机器人协调控制涉及的主要环节，包括相对定位机制下的目标搜索、异步通信条件下的目标搜索、运动学特性约束下的目标搜索、多源异类信号融合条件下的目标搜索等问题，在群体智能原则框架内阐述相应的群机器人协调控制方法。最后，针对多目标搜索问题，阐述动态的自组织任务分工和混杂粒度协同条件下的群机器人协调控制方法。

建议读者这样阅读本书：首先，按顺序阅读第 1 章、第 2 章和第 3 章，以明确群机器人研究概貌和群机器人系统建模方法，掌握基于扩展微粒群算法模型的群机器人协调控制工具的基本使用。如果对群机器人的研究动态已有相当了解，也可以跳过第 1 章，直接从第 2 章切入。然后，以任意顺序阅读第 4 章、第 5 章、第 6 章和第 7 章，进一步理解基于扩展微粒群算法模型的群机器人协调控制过程中主要环节的处理。最后，按顺序阅读第 8 章和第 9 章，以理解在考虑动态任务分工和不同粒度行为协同的多目标搜索场景下的群机器人协调控制方法。

本书所涉研究得到很多人的帮助，谨向他们表示诚挚的谢意。首先，感谢导师曾建潮教授的悉心指导，是他带作者进入群机器人学领域，激发了作者对群机器人协调控制研究的兴趣。其次，感谢英国萨里大学 (University of Surrey) 金耀初教授，在作者访英期间与作者就有关问题进行了启发性讨论。同时，感谢太原科技大学徐玉斌教授和其他同事，在研究和成书过程中得到了他们很多鼓励。另外，感谢参加作者在太原科技大学讲授的《机器人学与控制》《智能机器人》课程学习并接受论文指导的研究生张云正、郭峰、王亚超、昝云龙、张文武、庄全文、李进等，本书的许多内容经过他们验证。尤其是张云正，从本科毕业设计开始，到完成硕士学位论文，全程接受作者的指导，一起进行了许多有趣且有价值的讨论。

感谢有关科研基金项目对本书相关研究提供的经费支持，包括国家自然科学基金 (No. 60975074)，国家自然科学基金委员会-中国工程院工程科技发展战略研究联合基金 (No. U0970124)，山西省自然科学基金 (Nos. 2009011017-1, 2013011019-4)，山西省科技攻关计划项目 (No. 2015031004) 以及山西省回国留学人员科研资助项目 (No. 2016-091) 等。

感谢太原科技大学第四期学科建设经费对本书出版提供的支持。

感谢山西省留学人员管理委员会办公室提供的资助，作者因此有机会作为访学学者赴英国进行了一年的相关研究。

感谢北京理工大学出版社编辑张海丽女士的盛情约稿，以及她在本书长达一年半的撰写和出版过程中的耐心协调。

最后，对家人特别是我的妻子钦勇女士表示感谢。为撰写此书，作者过去几年的大多数时间是在实验室中或办公桌前度过的，感谢他们的包容、理解和支持。

作　者

目　　录

第 1 章 　引　言

群机器人是由数量众多、结构和功能相对简单的自主移动机器人组成的人工群体系统。在协调控制作用下，成员机器人在个体层面上自主决策自身行为，群机器人在系统层面上涌现群体智能。这样，群机器人能够在有限感知和局部交互的自组织机制下生成特定模式，协同完成超出成员机器人能力的规定任务。由于分布式的群机器人协调控制方法源于自然启发，故以目标搜索为载体，研究群机器人协调控制问题。

1.1　研究背景

将单体机器人、多机器人用于灾难搜救，国内外已有研究[1,2]。基于行为涌现[3]的群机器人灾难救援的应用价值也随之突显。研究基于以下假设：针对震后市内搜救[4,5]、矿难搜救、化学品泄漏源定位[6,7]等目标搜索与定位任务，研究群机器人执行此类任务的协调控制方法。

1.2　群机器人研究综述

群机器人属于人工群体系统，由数量众多的同构自主机器人组成，具有典型的分布式系统特征。与单体机器人[8]研究不同，群机器人学源于自然启发[9-15]的群体智能方法和多机器人[16]的结合体[17,18]，主要研究能力有限的成员机器人在协调控制作用下，通过有限感知和局部交互，在自组织机制下涌现智能行为并完成相对复杂的规定任务。

1.2.1　相关概念

要理解群机器人及其协调控制，须结合群、群体优化、群体智能[19]、群体工程[17]等概念，回顾智能机器人学的发展[20,21]。

（1）群。学界用元胞机器人表示如下系统：一组（group）机器人如机体细胞般按照一定模式自组织成复杂结构。后来用 swarm 取代 group[3]，该术语较单纯生物学意义具有更丰富的内涵。

（2）群体优化。现有群体优化主要有蚁群算法和微粒群算法等，以离散方式异步执行。从生物学角度看，群体优化可以构建有序模式；对机器人来说，群体优化可自组织为一定模式。故智能的特征之一就是生成有序模式[22]。

（3）群体智能。组成群体系统的个体相对简单，但是从宏观层面看，群体却是复杂的[23]。在看似混沌的个体交互过程中，智能行为导致了有序产生，但该结果具有不可预测性。可见，群体智能是一组具有通用计算能力的非智能机器人的涌现性特征[24-26]。

（4）群机器人。群机器人（Swarm Robotics）与一般意义上的多机器人的主要差异，是协作背后隐藏的群体智能原则。无论规模大小，群机器人协调控制均应建立在有限感知、局部交互和自组织基础上[3]。

以上概念的相互关系如图 1-1 所示。

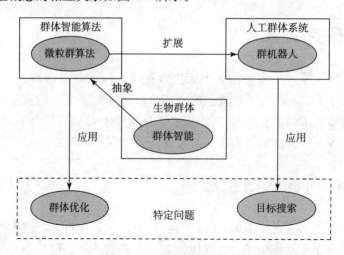

图 1-1　相关概念及其关系

群机器人学业已引起学界关注，以下为部分研究机构[3]：

①Massachusetts Institute of Technology，USA 麻省理工学院，美国。

②California Institute of Technology，USA 加州理工学院，美国。

③Carnegie Mellon University，USA 卡尔基梅隆大学，美国。

④École Polytechnique Fédérale de Lausanne，Switzerland 洛桑联邦理工学院，瑞士。

⑤Georgia Institute of Technology，USA 佐治亚理工学院，美国。

⑥Hughes Research Labs，USA 休斯研究实验室，美国。

⑦Orta Doğu Tehnik Üniversitesi，Turkey 中东技术大学，土耳其。

⑧Teaxas A&M，USA 德克萨斯农工大学，美国。

⑨东京工业大学，日本。

⑩名古屋大学，日本。

⑪University of Alberta，Canada 阿尔伯塔大学，加拿大。

⑫Universität Karlsruhe（TH），Germany 卡尔斯鲁厄理工学院，德国。

⑬Université Libre de Bruxelles，Belgium 布鲁塞尔自由大学，比利时。

⑭University of Southern California，USA 南加州大学，美国。

⑮University of West England，UK 西英格兰大学，英国。

⑯ University of Surrey，UK 萨里大学，英国。

⑰University of Wyoming，USA 怀俄明大学，美国。

⑱Washington University，USA 华盛顿大学，美国。

……

我国不少科研院所也已介入群机器人的研究。

1.2.2 系统特征

生物群体控制的背后并不存在中心协调机制，然而从系统层面来看却具有理想的鲁棒性、柔性、规模可伸缩[27,28]等系统特征，这也是群机器人系统所期望的[29,30]。

（1）鲁棒性。要求群机器人系统在性能较低时也不失控，即便个体发生故障或受到外界扰动时亦然。自然界中，很难阻止一群蚂蚁进入厨房就是最好的例子。社会性昆虫的鲁棒性可归结为以下因素：

①冗余。个体的功能缺失可由其他个体补充，意味着相对于群体而言，个体是非必需的。

②分散协调。系统的某一部分遭到破坏不能阻止系统控制。协调是整个系统涌现的特性。

③个体的简单性。与一个复杂的能够完成同样任务的单体机器人相比，群的成员结构和功能要相对简单。个体简单则不易发生故障。

④感知的多样性。大量成员机器人将分布感知融合后可增加群机器人系统的总信噪比。

（2）柔性。要求群机器人能针对不同任务生成类似蚁群面对觅食、围猎等任务的模块化解决方案。觅食时，蚂蚁独立搜索食物，并通过排放的信息素与其他蚂蚁协调；围猎则要求蚂蚁合作搬运猎物。

（3）规模可伸缩性。要求群体系统规模发生剧烈变化时也能自如控制，通过性能指标的优雅降级使系统保持运行而不致崩溃[31]。

1.2.3 判别准则

群机器人强调通过机器人与机器人、机器人与环境之间进行局部交互，从中涌现期望的集体行为。这是群机器人与一般意义上的多机器人的主要区别，可视为群机器人的判别准则[29,30]。

（1）自治性。组成群机器人的成员机器人应是能与环境交互的物理实体。传感器网络虽具有分布式感知能力，但因不具备运动能力，不能视为群机器人[32]。不过必须承认，传感器网络和群机器人的研究高度相关。

（2）数量。群机器人研究涉及个体协调。因此，仅仅对规模很小的多机器人系统控制可行，但不考虑规模的伸缩性，不属于群机器人范畴。尽管明确给出系统边界尚不可行，但一般认为至少应维持在 10～20 的水平[29]。考虑大规模群机器人组群的费用，可开展较小规模群机器人研究，如 Balch 只用了 1～8 个[33]，但是必须考虑规模的伸缩性。

（3）同构性。群机器人规模虽大，角色分工却不宜多[33]。一般认为，机器人足球不属于群机器人范畴，因为每个机器人都被一个凌驾于系统的 Agent 赋予了不同角色，造成角色的高度异构[34,35]。

（4）个体能力。与规定任务相比，成员机器人的能力相对较弱，表现为机器人须合作完成给定任务。同时，机器人应仅具有有限感知和局部通信能力，以保证机器人协调是分布式的。

1.2.4 自然启发

群机器人要完成规定任务，有赖于群体行为涌现，涉及产生新算法的生物群体的行为模型、群体智能系统的底层机制等[18]。生物群体为研究提供了启发，Schmickl 根据昆虫交哺，提出一个基于点对点交互、无须中央单元的群机器人通信策略[36]。生物研究显示，自组织的产生利用了正反馈，但也利用负反馈机制使其受控，模式生成是两个机制相互作用的结果[29]。

1.2.5 通信交互

通信是群机器人协同的基础[37]。生物群体中，个体之间存在间接接触通信，一般用信息素（Stigmergy）描述这种机制：个体感知环境并反作用于环境，环境是个体交互的媒介[38-40]。按照个体的交互方式可将通信分为三类[41]：

（1）借助环境交互。以环境作为通信媒介，这是简单的交互方式，机器人之间不存在明确的通信。机器人随任务进程改变环境，进而帮助其他机器人完成任务。

（2）通过感知交互。机器人位于传感器感知范围时，可相互感知对方，机器人之间无明确通信。这要求机器人具有区分机器人与环境的能力。由于机器人配置了各自独立的传感器，整个系统的信息融合[42]是重要的。

（3）显式通信。显式通信包括直接型和广播型等具有明确通信协议的通信形式。群机器人作为典型的分布式控制系统，尽管网络通信提供了机器人通信的基本解决方案，但因为群机器人系统的通信与面向数据处理和信息共享的计算机网络通信有很大差异，适合群机器人实时性要求的通信协议、网络拓扑结构及通信方式尚待研究[27,38]。

1.2.6　协调控制

协调控制属于群机器人系统的高级控制任务。在群机器人中，个体和群体都要协调行为以实现群体功能。群机器人研究对象包括个体行为、群体行为两个层次。前者包括个体对环境的感知、学习、响应及自适应动作的协调。个体机器人控制系统是实现个体行为的基础，它要求个体具有较强的协作性与自治性[41,43]。群体行为是建立在局部感知和交互基础上的智能涌现，典型的群体行为包括集中行为、分散行为和编队行为等[27]。

（1）体系结构。体系结构提供了机器人活动和交互的框架，决定着机器人之间的信息关系和控制关系。其中，群体体系结构有分层式和分布式两类[41]，主要研究如何根据任务类型、机器人个体能力等确定群机器人的规模及相互关系，是实现协作行为的基础。对于单机器人来说，主要有分层递阶和基于行为两种体系结构[38]。一般地，个体应具有以下功能：感知能力、局部规划能力、通信能力、任务分解能力、任务分配能力、学习能力和控制与决策能力等[41,44]。机器人的物理实现应着重考虑控制器设计、传感器布置等，使机器人通过与环境交互有效学习。

（2）定位。群体模式通过个体间的交互涌现出来，而群中并不存在全局的协作控制系统，这便意味着每个机器人都有自己的局部协作控制系统，要具备在各自的局部协作系统框架内定位相邻个体的能力，所以机器人对相邻个体的快速准确定位极为重要[45,46]。单体机器人定位技术主要有绝对定位和相对定位两类，传统的多机器人定位技术有的直接将单体定位技术用于多机器人情形，但多数通过卡尔曼滤波或粒子滤波等复杂的运算将内部传感器和外部传感器信息进行融合估计[47-50]。所用的检测手段则呈多元化：超声波、光线、声音等不一而足[51]。严格来说，这些定位技术对于未知环境中工作的群机器人系统并不理想，因为其复杂的计算开销严重挑战有限的机器人资源。因此，侧重于相对定位技术的开发和控制算法设计值的探索。Cui 使用多个能力有限的简单移动 Agent 协同搜索和定位范围很大的区域中数量不确定的有害气体泄漏源[52]。Martinson 通过应用分离、凝聚和编队[53]等群体行为的三个特性，提出了一个偏置扩展群方法。Pugh 用三边定位技术开发了一个相对定位模块，并将该系统用在基于微粒群算法的群机器人搜索问题研究中[54,55]。Rothermich 研究了群机器人的分布式定位问题[56]。Spears 使用三角法研究了机器人的定位问题[57]。Kelly 开发的群机器人定位系统，用板上红外线探测技术感知机器人的相对位置[58]。

1.2.7　智能涌现

群体工程理论认为，应该使用形式化描述方法，进行复杂系统工程与群体智能的融合，把握群体涌现性这一重要属性，期望实现群机器人系统的可靠控制[17,59,60]。自组织是一种动态机制，由底层单元交互呈现出系统的全局性结构。交互的规则仅依赖于局部信息，而不依赖于全局模式。自组织并不是外部作用于系统的结果，而是系统自身涌现的性质。系统中没有中心控制模块，也不存在一部分控制另一部分的现象。譬如，作为群居生物的蚂蚁筑巢过程中，与环境的交互分为连续和离散两种。离散的交互指刺激因素类别不同而产生不同反应；连续交互指刺激量不同而产生不同的反应。基于离散交互的一个例子，机器人在三维空间运动，依据其周围砖块的排布决定是否放下背负的砖块，结果显示，可以产生类似黄蜂巢穴的结构[18,61]。群体中的个体行为会遵循已有的结构或信息指引，并且释放信息素，这种反馈能使得某种行为强化。尽管系统开始运行时个体的行为随机，但是大量个体遵循正反馈的结果生成了特定模式。

1.2.8　典型应用

群机器人研究有若干基准任务。基于模式形成的任务，包括聚合、自组织网格、分布式传感器部署、区域覆盖、环境地图绘制等；集中于环境实体的任务，包括目标搜索[4]、归航、觅食等；涉及更为复杂的群体行为的任务，包括合作搬运、采掘等。这些任务可进行如下划分[29]：

（1）区域遍历类任务。群机器人是分布式系统，可用于干预空间状态，环境检测如化学品泄漏即为一例。工作时，机器人朝泄漏源运动以便集中定位，然后自组装为补丁堵上泄漏点。

（2）高危险性任务。因为个体的同构性要求，对于某个机器人而言，它在群体系统中是非必需的，这使得群机器人适合执行危机四伏的任务。譬如，清理采掘面上的巷道。不像单体机器人那样构造复杂、成本高昂，群机器人中的成员机器人可以在极端危险的境地以自杀式的方式通过。

（3）群体规模可变的任务。群机器人系统有能力根据任务及时伸缩群体规模。例如，油船倾覆后，油液泄漏的范围会急剧扩大，这时，可部署群机器人在特定区域吸收溢出的油液，并可根据需要将更多机器人投入该区域以扩大群体规模。

（4）有冗余性要求的任务。群机器人系统的鲁棒性源于群体隐含的冗余，这使群机器人通过优雅降级降低系统失控的可能。

针对以上需求，国外研究机构进行了若干具有指标意义的研究。

（1）Swarm-Bots 是比利时布鲁塞尔自由大学的 Dorigo 教授主持的欧盟项目，构建具有自组织、自组装能力的群机器人系统后用于执行合作搬运任务[62]，图 1-2 所示为合作搬运重物的 Swarm-Bots 群机器人。

图 1-2　合作搬运重物的 Swarm-Bots 群机器人①

（2）群体智能检测系统是瑞士洛桑联邦理工学院的 Martinoli 教授主持开发的，可用来检测汽轮机喷气涡轮叶片[63-67]。

图 1-3 所示为用于叶片检测的群机器人。

———————————

① http：//www.swarm-bots.org/.

图 1-3　用于叶片检测的群机器人

（3）美国怀俄明大学开发的 Physicomimetics 框架将传统的物理分析技术用于群体行为的预测。该方法可快速配置自主移动机器人，以检验物理学定理满足分布式控制的自组织、优雅降级特性[68,69]。

图 1-4 所示为采用拟态物理学方法控制群机器人编队。

图 1-4　采用拟态物理学方法控制群机器人编队

（4）德国卡尔斯鲁厄理工学院承担的 I-SWARM 项目，建立了规模达 1 000 只而尺寸仅为 $(2 \times 2 \times 1)$ mm³ 的人工蚂蚁组成的微型机器人群体，以此研究群体规模的可伸缩性[70]，如图 1-5 所示。

（5）瑞士洛桑联邦理工学院研发的自然生物群体与人工群体的集成系统则充满意趣。其做法是将少量微型机器人与蟑螂群体组成一个混合系

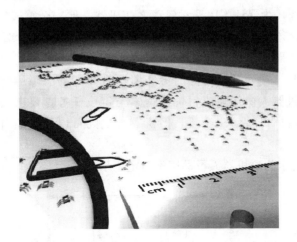

图 1-5　人工蚂蚁群机器人系统设计效果

统，先赋予机器人趋光习性，再使与其交互的蟑螂也逐渐"习得"趋光行为[71,72]。图 1-6 所示为该系统的测试场景。

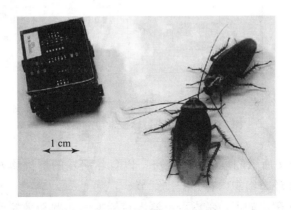

图 1-6　混合编队群机器人系统的测试场景

1.3　本书结构

假设 m 个静止目标位于二维封闭空间，位置随机。为简便起见，假设搜索环境为 $L \times L$ 的正方形区域。目标配置的信号源可发出不同种类和统计规律的信号。N 个同构的自主移动轮式机器人组成群机器人系统，机器人各自独立配置相应类型的传感器，假设传感器作用距离为 r_i（i 为传感器序号），要求 $r = \max(r_i) \ll L$，以便目标在被发现前机器人能够散布在搜索区域。另外，为保证不因搜索启动之初机器人便完全覆盖搜索区域而降低搜索难度，须将机器人启动位置部署在一个半径为 $R(R \ll L)$ 的小区域中。根据作用距离和灵敏度不同，机器人能够在搜索环境中某些位置检测到目标信号。搜索环境中同时分布着不规律的静态障碍物。在此条件下，要求群机器人协作完成目标的搜索与定位任务。要求机器人在搜索过程中不与目标进行信息交流，但机器人之间可以采用监听、广播等方式通信。

图 1-7 所示为群机器人目标搜索与定位示意。

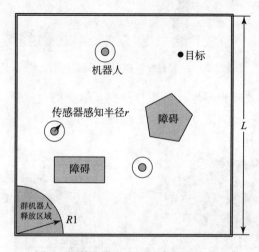

图 1-7　群机器人目标搜索与定位示意

针对图 1-7 所示的目标搜索任务，以自然启发的群机器人协调控制方法涉及的主要环节组织内容并安排章节。

本书行文逻辑如下：考虑群机器人目标搜索问题和微粒群算法的作用机理相似性，以及机器人和理想微粒的特征属性异同，建立映射关系。进而将微粒群算法扩展为群机器人系统的建模和协调控制工具。然后研究类似图 1-7 所示的一系列搜索场景下基于扩展微粒群算法模型的群机器人协调控制方法、策略及算法。

第 2 章　群机器人系统建模

考虑群机器人系统常用建模方法的特点,从目标搜索任务对群机器人协调控制的要求出发,比较分析微粒群算法寻优与群机器人目标搜索两类问题的作用机理相似性,以及物理机器人与理想微粒间的特征异同,建立映射关系,将微粒群算法扩展为群机器人建模和协调控制工具。

2.1　一般性建模要求

作为人工群体系统的群机器人,其构建受自然启发,采用的控制算法基于群体智能原则,使得成员机器人行为和群体运行性能具有随机性。因此,现有的群机器人研究多使用机器人或模型进行仿真实验[73],然后统计分析结果。由于实验研究耗时甚长,限制了群机器人系统规模扩大。但是,借助系统模型,可辨识影响机器人行为及系统性能的参数,洞悉系统设计的基本问题甚至是可能的系统边界问题[74]。群机器人包含大量成员机器人,在有限感知和局部交互机制下涌现群体智能,完成给定任务。成员机器人的活动和交互受限于群机器人系统体系结构。从控制方式和信息交互方式上看,体系结构分为集中式和分散式,而后者又进一步分为分层式和分布式[30,41]。由于群机器人系统不存在中心控制机制且成员同构,因而是分布式的。因此,群机器人系统建模必须反映体系结构的特征,同时还要考虑系统规模的伸缩性[73]。

2.2　常规建模方法

群机器人模型可分为微观模型和宏观模型[73,75]。微观模型描述个体之间以及个体与环境之间的交互,宏观模型则用数学方法描述群体行为。一般宏观模型较微观模型计算效率高,虽然对于同一个系统而言,微观模型能提供关于系统的更为丰富的信息[76],但是,无论是微观模型还是宏观模型,均是关于时间连续或离散的。从控制角度看,机器人本身是一个混合系统,构成机器人的不同部件既有连续时间的,如模拟电子元件、驱动电动机、传感器等，也有离散时间的，如微处理器等数字电子元件或具有逻辑控制特征的 Agent 等。用于分析研究的连续时间模型的微分方程没有闭合解，一般要用数值法求解，而这需要固定的时间粒度，从而使得描述群机器人系统行为的模型在同一个框架下以离散时间形式和连续时间形式并存[73]。

2.2.1   基于传感器-执行器建模法

该法最接近现实世界中的机器人系统，属于物理模型范畴。由于群机器人运行涉及机器人的传感器、执行器以及所处环境，故该模型对机器人的物理尺寸、形状、运动机构以及传感器种类、检测系统、通信和交互过程等底层参数和过程进行了严格的模拟。实际建模时，在引入传感器、执行器和环境模型后，尚须对机器人之间以及机器人与环境之间的交互行为进行模拟。采用该法的关键，是将交互行为真实化并尽可能简化，这在系统规模扩大时显得特别重要。此法的优点是可以最大限度地模拟物理机器人的交互行为，尤其是对传感器和执行结构的噪声影响，结果与实际情形最为接近。但问题是系统规模不易扩展。这主要是由于要对机器人对环境的感知信息和自身运动轨迹进行实时计算，资源耗费呈指数增长[77,78]。一般地，该法对数个机器人组成的群体尚能应付，但对大规模群机器人系统则鲜见文献报道。譬如，Martinoli 研究的群机器人规模仅为 2～6[79]。不过，仿真度与仿真效率的要求是矛盾的，须进行必要折中[80]。基于该法的仿真包括非物理仿真和物理仿真。非物理仿真中，机器人和环境物体的动力学特性均被忽略；而物理仿真中，机器人之间以及机器人与环境的交互均被赋予物理学属性，以此控制机器人的运动。为了逼真，可将物理引擎集成到仿真中[80]。具体实现可有多种[77,81]，Webots™ 和 Microsoft Robotics Studio™ 即是其中两种，如图 2-1 所示。据报道，使用该法的实体仿真（Embodied Simulation），效率较使用机器人的实验快数百倍[77]。

2.2.2   微观建模法

微观建模法使用数学方法对机器人之间和机器人与环境之间的交互过程建模。机器人分别独立地受控于一个控制器[17,76]，控制器设计为行为反应式，而行为是若干动作状态及动作状态间的变迁组合，粒度根据需要确定，但要求能从流程图或有限状态自动机（Finite State Machine，FSM）表示的状态变迁中获得足够的细节。变迁由机器人感知的内部事件和外部环境事件触发。考虑群机器人中成员机器人的行为随机性，用带概率的有限

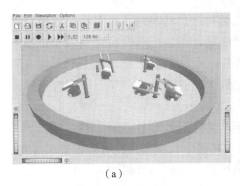

（a）　　　　　　　　　　（b）

图 2-1　基于传感器-执行器模型的仿真运行截图
（a）Webots™；（b）Microsoft Robotics Studio™

状态自动机描述机器人行为更加适合。

（1）概率微观法。该法描述的系统中，机器人处于每个状态的概率，由机器人物理尺寸与环境尺寸间的相对几何关系确定，如图 2-2 所示。在将表示所有机器人的概率有限状态自动机和环境进行集成时，环境被视为共享资源，每个控制时间步均因受机器人的综合作用而改变。这种建模法与后面阐述的宏观建模法的区别主要是模型粒度，即微观法把成员机器人视为基本单元，模型描述了个体之间以及个体与环境之间的交互，而宏观法直接对系统的宏观行为进行抽象，用概率表示处于某状态的机器人数量与所有机器人的比例。

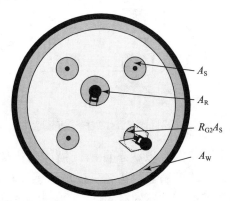

图 2-2　利用几何关系计算状态迁移概率

（2）概率微观法变体。常见的微观法是给出所有个体的运动方程，进而研究系统行为，如分子动力学的研究。然而，对于大规模系统，求解高维多变量方程几乎不可行。这时，若能从微观模型中导出降维宏观模型，求解起来较为容易[73]。而状态变迁用概率描述的有限状态自动机建模法则不计算机器人的精确运动轨迹和感知信息，而是把机器人之间以及机器人和环境之间的交互作为一系列随机事件，系统状态的变迁概率基于相对简单的几何关系。并行运行与机器人数量匹配的随机事件集，研究群机器人的涌现行为[75]。

（3）建模实例。以 Martinoli 等的群机器人合作拔杆研究为例[92,98]。如图 2-3 所示，要将竖插在深坑中的木杆拔出，机器人控制器设置了寻找、避障、对中、夹持等状态[76]，然后将机器人之间以及机器人与环境之间的交互作为一系列随机事件建模，概率由机器人与环境间相对位置关系计算得到[82]。各机器人的交互行为用一个随机事件集描述，系统模型则是所有机器人行为的"集成"[17]。

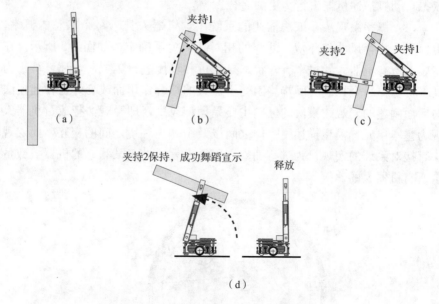

图 2-3   群机器人合作拔杆过程示意图

图 2-4 所示为采用随机有限状态自动机描述的机器人控制器，其中图 2-4（a）表示机器人的控制器，状态变迁由传感器检测值按逻辑触发。图 2-4（b）所示为加入概率描述的有限状态自动机，亦可用 Markov 链描述。需要说明的是，图 2-4（b）既可以表示概率微观模型中的单个机器人，亦可表示概率宏观模型中的群机器人。可见，这种自底而上的方法更偏重于作用机理研究[41]。实际上，一些研究用物理模型仿真后又用数学模型进行分析验证[73]。

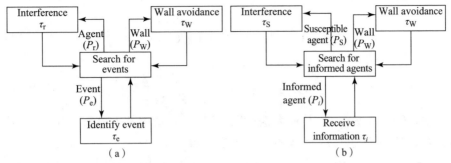

图 2-4 采用随机有限状态自动机描述的机器人控制器

（a）机器人的控制器；（b）加入概率描述的有限状态自动机

2.2.3 宏观建模法

与微观建模法相似，宏观建模法亦属于数学模型范畴。该法也用成员机器人的行为序列作为包含概率的有限状态自动机描述，具有马尔科夫（Markov）性，因为机器人的下个状态仅与当前所处状态有关[17]。不同的是，同样是变迁概率，在微观模型中表示某个机器人由当前行为变迁为下个行为的可能性；而在概率宏观模型中，变迁概率则表示由处于当前某行为的机器人变迁为下一个行为的机器人占总数的比例。图 2-4 刻画的 Markov 链，还可以用一系列差分方程表示在某个时间步处于每个特定状态的机器人的平均个数。这样，使用宏观模型就可以直接描述群体行为。该法较微观模型计算效率更高、实用性更强，因为所用变量较微观法使用的变量少，其中心思想是尺度分离的概念，只保留了与计算宏观模型参数取值有关的微观交互的细节。当然，二者的描述层次是相对的。某些情形下，同一个群体系统有可能从微观模型中导出宏观模型的精确参数值[73]。对于同一个群体系统[76,82]，可先由主微分方程得到比率微分方程，然后再化为差分方程，见式 (2-1)～式(2-3)。

$$
\begin{aligned}
N_s(kT+1) =\ & N_s(kT) - p_{g1}[M_0 - N_g(kT)]N_s(kT) - \\
& p_{g2}N_g(kT)N_s(kT) - (p_w + p_R)N_s(kT) + \\
& p_{g2}\Theta(kT - \tau_{cda})N_s(kT - \tau_{cda})N_g(kT - \tau_{cda}) + \\
& p_{g2}\Theta(kT - \tau_{ca})N_s(kT - \tau_{ca})N_g(kT - \tau_{ca}) + \\
& p_{g1}\Theta(kT - \tau_{cga})[M_0 - N_g(kT - \tau_{cga})] \times \\
& N_s(kT - \tau_{cga})\Gamma + p_w\Theta(kT - \tau_a)N_s(kT - \tau_a) + \\
& p_R\Theta(kT - \tau_{ia})N_s(kT - \tau_{ia})
\end{aligned}
\tag{2-1}
$$

$$\varGamma = \prod_{j=k-\frac{\tau_{ga}}{T}}^{k=\frac{\tau_a}{T}} [1 - p_{g2} N_s(jT)] \varTheta\left(kT - \frac{\tau_{ga}}{T}\right) \tag{2-2}$$

$$\varTheta(kT - \tau) = \begin{cases} 0, & kT < \tau \\ 1, & kT \geqslant \tau \end{cases} \tag{2-3}$$

式中，$k = 0, 1, \cdots, n, n$ 是最大迭代数；M_0 是环境中的木杆数；N_0 是机器人数；N_g 是处于夹持状态的平均机器人数；$p_R = (N_0 - 1)p_r$，$\tau_{cda} = \tau_c + \tau_d + \tau_a$，$\tau_{cga} = \tau_c + \tau_g + \tau_a$，$\tau_{ca} = \tau_c + \tau_a$，$\tau_{ia} = \tau_i + \tau_a$，以及 $\tau_{cg} = \tau_c + \tau_g$。图 2-4 刻画的其他状态如 N_a，N_c，N_g，N_i 等亦可仿此写出。该方程说明处于搜索状态的机器人平均数由于部分变迁到夹持状态以及部分因避碰而减少；由于部分机器人协作后完成拔杆任务以及部分完成避碰动作的机器人迁移到搜索状态而增多。式（2-2）表示那些夹持长杆等待其他机器人来拨但超过预设时间 τ_g 未等到而放弃夹持的机器人数，这实际是在时间 $[kT - \tau_{cg}, kT]$ 内未得到其他机器人帮助的概率。

可见，微观模型中各机器人均需要迭代，但宏观建模法只需要得到模型的稳定状态。当宏观模型能够很快得到粗略的全局行为描述时，采用微观模型虽然耗时较长，但得到的全局行为与实际更为接近。与微观模型类似，用概率宏观模型处理群机器人的系统噪声也较为简单。不难发现，这种自上而下法[17]更适合针对具体任务，研究如何将协作策略和协调机制嵌入群机器人系统中，使机器人通过传感、建模、通信、规划等方式协调各自行为，完成特定任务[41]。这样，概率模型不考虑机器人在搜索环境中的运动轨迹，其行为用一系列随机事件表示[79]，一般用于系统分析。

2.2.4　基于拟态物理学建模法

受力学定律启发，美国怀俄明大学的 Spears 等提出拟态物理学（Artificial Physics）概念，并提出了相应的建模方法[68,69,83]。

1）原理

基于拟态物理学的群机器人系统建模，是通过模拟物体间存在的虚拟力作用以及物体运动遵循牛顿力学定律的方法控制物体运动实现的。本质上，该法模拟了式（2-4）所示的牛顿第二力学定律。

$$F = ma \tag{2-4}$$

在拟态物理学框架中，机器人被抽象为低维空间中的运动微粒。每个微粒均有各自的位置坐标 x 和速度 v，其连续运动用多个离散时间 Δt 内的位移量 Δx 近似描述。在每个时间段内，微粒的位移为

$$\Delta x = v \Delta t \tag{2-5}$$

而速度变化量用式（2-6）描述：

$$\Delta v = \frac{F \Delta t}{m} \tag{2-6}$$

式中，F 为微粒所受其他微粒和环境作用力的合力；m 为微粒质量。因此，微粒在时刻 t 的位置表示为

$$x(t) = x(t-1) + v(t) \Delta t \tag{2-7}$$

而其速度为

$$v(t) = v(t-1) + \frac{F \Delta t}{m} \tag{2-8}$$

若存在摩擦力，则考虑摩擦系数 $C_f \in [0,1]$，微粒速度为

$$v(t) = C_f [v(t-1) + \Delta v] \tag{2-9}$$

限定每个微粒最大受力为 F_{max}，即可限制其最大速度 v_{max}。该法可作为群机器人的控制工具，用于基准任务控制如编队[84-86]、区域覆盖[87]、避障[88]和目标搜索[89]等问题。

2）建模实例

拟态物理学重点研究机器人的行为，期望其表现出类似于固态、液态或气态物质的特性。譬如，群机器人的编队控制可借鉴固体成形过程，涉及的力学定律包括引力和斥力。同理，欲控制机器人完成避障任务，可借鉴液体的可塑性特点，涉及的力学定律同样包括引力和斥力。而群机器人执行监测、清扫等区域覆盖任务，可用气体在密闭容器中扩散达到均匀分布的力学行为，但其中仅涉及斥力。

基于拟态物理学原理的机器人编队，要求一群微型飞行器自组织为一个六边形，创建一个彼此间距为 R 的分布式感知栅格。潜在应用包括将这种栅格用于跟踪化学烟羽，或创建虚拟天线以改善雷达图像的分辨率[90]。考虑以下几何图形：以半径为 R 的圆为中心，以该圆周上的六等分点为圆心画等半径的 6 个圆。如果将机器人置于这些圆的交点上，那么就形成了一个以某一粒子为中心的六边形。这种形状表明六边形可以通过 6 个半径为 R 的圆交叠产生。把上述过程映射成力学法则，假设每个粒子排斥与其距离小于 R 的其他机器人，吸引与其距离大于 R 的其他机器人。因此，每个机器人都有一个环绕自身的圆形势阱，其半径为 R，相邻的机器人以距离 R 相隔离。这些势阱的交点呈现结构化的干涉形状，在这些交点处形成了势能最低的节点，机器人就驻留在这些节点上。基于这种思想，使用牛顿万有引力定律定义机器人之间的虚拟作用力

$$F = \frac{Gm_i m_j}{r^p} \tag{2-10}$$

式中，$F < F_{max}$，r 为机器人之间的距离。变量 $p \in [5,5]$ 是自定义的权重，一般情况假设 $p=2$。所有机器人的虚拟质量均设为 $m_i=1$。当 $r < R$ 时，虚拟力表现为斥力；当 $r > R$ 时，虚拟力表现为引力；当 $r = R$ 时，微粒间斥力和引力达到平衡。这里，称 R 为引力与斥力的平衡距离。每个机器人分别配置一个传感器，可检测周围环境和定位邻近机器人。考虑实际问题，由于传感器的感知能力有限，为确保虚拟力作用范围的局部性，令机器人之间虚拟力的作用范围为 $1.5R$。G 为万有引力常量。拟态物理学系统遵循能量守恒定律[90]，在初始情况下，系统只有势能，一段时间内系统由势能向动能和热能转化，直到系统达到最低势能。这反映了系统聚集的稳定性。而且，系统的初始势能越高，演化后系统的编队形式就越好。已经证明，当引力常量满足式（2-11）所示关系时系统初始势能最大，演化后的系统编队形式最理想。

$$G = F_{max} R^p (2 - 1.5^{1-p})^{\frac{p}{1-p}} \tag{2-11}$$

可见，拟态物理学法通过个体间的简单引斥力规则就能使群体涌现智能行为，实现整个系统分布式复杂控制。

2.2.5　元胞自动机建模法

元胞自动机（Cellular Automata，CA）是复杂系统研究中最简单的数学模型[91]，最初用于模拟组织的生物进化。然后，该法又被作为建模工具用于物理学、化学、生物学、社会学等学科研究。该模型在一维或多维空间中包含离散的细胞晶格，晶格中的每个细胞均拥有有限数量的可能状态。每个细胞只与其邻域内的其他细胞交互，系统动力学特性便由离散时间步内遵循局部交互规则的细胞决定[80]。可见，元胞自动机模型有离散的细胞晶格、同构性、状态离散、局部交互及离散的动力学行为等特性。

群机器人可视为特殊的自组织系统，故可将元胞自动机建模法用于群机器人。离散性可以简化分析，因为离散性在机器人研究中是无法回避的，譬如离散时间、传感器检测值的离散化、执行机构控制量的离散化等。对群机器人系统的研究亦复如是。Ilachinski 将基本元胞自动机进行拓展，用任意实值取代离散值[92]。而概率元胞自动机则用状态变迁概率取代确定性变迁。Shen 等提出一个计算模型[93]，将概率元胞自动机和反应扩散模型进行有效集成。机器人每次占据一个细胞，且只有分泌和迁移两个行为。每个时间步，细胞都按 Gaussian 分布规律分泌催化剂和抑制剂类激素，机器人则根据邻居细胞的激素分布情况随机移动。此概率与催化剂激素的浓度成正比，与抑制剂激素的浓度成反比。该控制模式可以在加入短程无线电通信机制如射频电磁波或红外线等之后取得理想效果[94]。

至于不确定性迁移的本质，则是由传感器、执行器的噪声和机器人之间的交互引起的[93,94]。这样，对于群机器人而言，可在用元胞自动机工具建立群机器人系统模型后，同样用其作为控制工具使用。

2.3　常规建模法述评

不同的群机器人建模法，适合不同应用，或者适合用作系统分析工具，或者适合用于系统控制。表 2-1 对前述建模法做了简要总结。

表 2-1　常用群机器人系统建模方法

模型	类别	建模速度	模型精度	用途
基于传感器-执行器模型	物理	慢	高	控制工具
概率微观模型	数学	较快	低	分析工具
概率宏观模型	数学	快	低	分析工具
基于拟态物理学模型	物理	较快	较低	控制工具
元胞自动机模型	物理	较快	较低	控制工具

尽管基于传感器-执行器的实体仿真可较为逼真地重建现实环境，较快得到统计结果，但该法须计算所有机器人的交互行为和运动轨迹，在系统规模的伸缩性方面受限较大。而概率微观模型或概率宏观模型虽适用于系统的性能分析、预测群体行为等方面，却不适合作为协调控制工具。另外，基于人工物理学的建模法，将机器人个体作为运动微粒，通过模拟固态、液态和气态物质中的分子受力所引起的运动，利用人工构造物理学原理控制机器人运动[68,69,83]，作用亦有限。因此，有必要进一步研究适合本书任务的群机器人系统建模方法。

2.4　扩展微粒群算法建模法

群机器人研究是应用驱动的，任务由若干基准问题构成，如目标搜索、区域覆盖、编队、协作搬运等[3,29]。通过比较分析微粒群算法和群机器人学中基准问题的特点，可知某些任务与微粒群算法之间存在映射关系。据此可对微粒群算法进行适当修改和扩展，以机器人对外界信号的检测值作为适应值[55]，以最大通信范围内的机器人作为感知邻域，应用局部最优模型（Lbest）的微粒群算法确定机器人个体的移动方向、速度及期望位置。再根据机器人的运动学和动力学特性控制机器人运动，同时结合通信模式、通信周期及采样周期等因素实时计算机器人的移动位置。所处环境存在障碍及考虑机器人物理尺寸时，可进行避碰规划。这样便可将微粒群算法模型作为机器人的行为控制模型，用于群机器人运动行为的协调控制，从而涌现群体智能。该法是自下而上的[17]，属于集成了物理要素的数学模型，适合针对具体任务将有关的协作策略和协调机制嵌入群机器人系统中，使机器人通过有限感知、系统建模、局部通信、行为规划等方式协调各自的行为，达到协作完成任务的目的[41]。

2.4.1 微粒群算法

微粒群算法是 Kennedy 和 Eberhart 等于 1995 年开发的一种演化计算技术[95]，源于对简化社会模型的模拟。通过对动物社会行为的观察，发现在群体中对信息的社会共享提供一个演化优势，并以此作为算法的开发基础。通过加入近邻的速度匹配并考虑多维搜索和基于距离的加速，形成了最初版本。之后引入惯性权重 ω 以更好地控制开发（exploitation）和探索（exploration），形成了标准版本。该算法基于群体操作，通过适应值评估将群体中的个体移动到好的区域。然而该法并不对个体使用演化算子，而是将每个个体视为 D 维搜索空间中的一个无体积属性的微粒，在搜索空间中以一定的速度飞行，该速度据微粒本身的飞行经验和同伴的飞行经验动态调整。

1）形式化表示

标量形式和向量形式均可使用，先看以标量形式给出的微粒群算法。设第 i 个微粒表示为 $X_i = (x_{i1}, x_{i2}, \cdots, x_{iD})$，它经历过的最好位置记为 $P_i = (p_{i1}, p_{i2}, \cdots, p_{iD})$，称为 pbest，该位置具有最好的适应值。所有微粒经历过的最好位置的索引号用 g 表示，即 P_g，称为 gbest。微粒i的速度用 $V_i = (v_{i1}, v_{i2}, \cdots, v_{iD})$ 表示。每一代其第 d 维（$1 \leqslant d \leqslant D$）速度和位置变化规律为

$$\begin{cases} v_{id} = \omega v_{id} + c_1 r_1 (p_{id} - x_{id}) + c_2 r_2 (p_{gd} - x_{id}) \\ x_{id} = x_{id} + v_{id} \end{cases} \tag{2-12}$$

式中，ω 为惯性权重；c_1 和 c_2 为加速常数；r_1 和 r_2 为在 $[0,1]$ 范围中变化的随机值。此外，微粒的速度 V_i 受最大速度 $V_{\max}$ 限制。如果微粒的加速导致它在某维的速度 v_{id} 超过该维的最大速度 $v_{\max,d}$，则该维的速度被限制为 $v_{\max,d}$。对速度迭代式，第一部分为微粒先前行为的惯性，第二部分为认知部分，表示微粒本身的思考；第三部分为社会部分，表示微粒间的信息共享与相互合作。认知部分可由 Thorndike 的效应法则所解释，即一个得到加强的随机行为在将来更有可能出现。这里的行为即认知，并假设获得正确的知识是得到加强的，此模型假定微粒被激励着去减小误差。社会部分可以由 Bandura 的替代强化所解释。根据该理论的解释，当观察者观察到一个模型在加强某一行为时，将增加它实行该行为的概率，即微粒本身的认知将被其他微粒所模仿。

以向量形式给出的微粒群算法进化迭代方程为

$$\begin{cases} \boldsymbol{v}_{k+1}^i = w_k \boldsymbol{v}_k^i + \boldsymbol{c}_1 \boldsymbol{r}_1 (\boldsymbol{p}_k^i - \boldsymbol{x}_k^i) + \boldsymbol{c}_2 \boldsymbol{r}_2 (\boldsymbol{p}_k^g - \boldsymbol{x}_k^i) \\ \boldsymbol{x}_{k+1}^i = \boldsymbol{x}_k^i + \boldsymbol{v}_{k+1}^i \end{cases} \tag{2-13}$$

式中，$\boldsymbol{x}_k^i$ 和 $\boldsymbol{v}_k^i$ 分别为时刻 kt 时微粒 i 在搜索空间中的位置和速度向量，二者维度相同，下标 k 是时间增量 kt 的简写；$\boldsymbol{p}_k^i$ 是微粒 i 在时刻 k 之前经历的最好位置，表示自身认知经验；而 $\boldsymbol{p}_k^g$ 是时刻 k 前发现的群体最好位置，表示微粒通过交互学习获得的社会经验。微粒的惯性、个体经验和群体经验综合决定微粒的进化行为，这种趋势引导着微粒的运动；变量 w_k 是惯性因子向量，随搜索区域的减小而动态降低以保证精细搜索；$\boldsymbol{r}_1$ 和 $\boldsymbol{r}_2$ 为在 $[0,1]$ 范围中变化的随机值向量；$\boldsymbol{c}_1$ 和 $\boldsymbol{c}_2$ 分别为表示认知和社会加速的常数向量。

2）主要参数作用

仅讨论标量形式的微粒群算法模型，矢量形式模型与此类似。参数包括群体规模 m，惯性权重 w，加速常数 c_1 和 c_2，最大速度 $V_{\max}$，最大代数 $G_{\max}$。$V_{\max}$ 决定当前位置与最好位置之间区域的分辨率（精度）。若 $V_{\max}$ 太高，微粒可能会飞过好解，若 $V_{\max}$ 太小，微粒不能进行足够探索，导致陷入局部优值。该限制主要是为了起到防止计算溢出、实现人工学习和态度转变以及决定问题空间搜索粒度等目的。惯性权重 w 使微粒保持运动的惯性，使其有扩展搜索空间的趋势，有能力探索新的区域。加速常数 c_1 和 c_2 代表将每个微粒推向 pbest 和 gbest 位置的统计加速项的权重。低的值允许微粒在被拉回来之前可以在目标区域外徘徊，而高的值导致微粒突然冲向或越过目标区域。若无后两部分，即 $c_1 = c_2 = 0$，微粒将一直以当前速度飞行，直至到达边界。由于它只能搜索有限的区域，将很难找到好的解。若无第一部分，即 $w=0$，则速度只取决于微粒当前位置和历史最好位置 pbest 和 gbest，速度本身无记忆性。假设一个微粒位于全局最好位置，它将保持静止。而其他微粒则飞向它本身最好位置 pbest 和全局最好位置 gbest 的加权中心。在此条件下，微粒群将统计地收缩到当前的全局最好位置，更像一个局部算法。在加上第一部分后，微粒有扩展搜索空间的趋势，即第一部分有全局搜索的能力。这也使得 w 的作用为针对不同的搜索问题，调整算法全局和局部搜索能力的平衡。若无第二部分，即 $c_1=0$，则微粒没有认知能力，也就是只有社会的模型。在微粒的相互作用下，有能力到达新的搜索空间。它的收敛速度比标准版本更快，但是对复杂问题，比标准版本更易陷入局部优值点。若无第三部分，即 $c_2=0$，则微粒之间无社会信息共享，也就是只有认知的模型。因为个体间没有交互，一个规模为 m 的群体等价于 m 个微粒的运行，因而得到解的概率非常小[95]。

考察微粒群算法的分项特征，作为搜索主体的微粒具备关于邻居和环境的完备的位置信息，说明其在搜索空间中的定位属于绝对定位或全局定位。而搜索行为就是一种趋向具有高适应值位置的聚集行为，其他特点一并列于表 2-2 中。

表 2-2 群机器人目标搜索与微粒群算法作用机理比较

Case	被控主体	属性	约束	定位机制	位置评估	控制
PSO	微粒	质点	V_{max}	绝对	适应值	离散
群机器人	机器人	质量尺寸	运动特性	绝对/相对	信号强度	连续

2.4.2 群机器人目标搜索与微粒群算法的映射

微粒群算法一般用于非线性函数优化，虚拟微粒在自身认知和社会经验引导下通过位置迭代逐步求得目标函数的最优解。群机器人个体亦遵循行为规则，通过交互并借助认知和社会学习进行潜在目标的搜索。不同之处在于搜索空间的虚实及搜索主体的理想化程度有异。若将微粒群算法的搜索过程去理想化，二者便具有如图 2-5 所示的映射关系。

（1）搜索空间。作为群机器人系统中的个体，自主移动机器人的运动建立在对环境的感知及群体最优经验基础上。微粒群算法多用于高维非线性函数的优化，而群机器人系统工作的搜索空间一般不超过三维[55]。

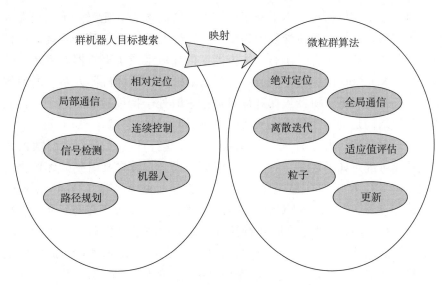

图 2-5　群机器人目标搜索与微粒群算法的映射关系

（2）适应值评估。类似于微粒群算法，机器人的移动取决于自身感知和时变特征群的社会经验，而位置优劣是根据传感器检测到的目标信号强度经比较后实现的。在搜索过程中，这仅具有计算意义。

（3）控制形式。微粒群算法是通过迭代更新搜索空间中的微粒位置发挥作用的，显然系离散行为。机器人控制则是在连续时间内进行的，只是采样后采用了离散形式。从而将机器人的连续运动用多个足够小的离散时间片内的位移加以近似[55]。

（4）运动约束。微粒群算法中的微粒采用理想的质点模型，其运动速度和加速度无限制。而机器人由于自身的质量、物理尺寸及运动机构等影响，必须服从运动学动力学约束，表现在搜索过程中，机器人一般不可能在一个时间步内穿越整个搜索空间。

（5）通信机制。微粒群算法中微粒与其他任意个体均可交换信息，而机器人出于能量消耗考虑常有最大通信距离的限制，且通信负荷随着群体中机器人数量的增加呈指数式增长。机器人应当仅依靠简单通信实现局部交互。通信模式对于协作效率是有益的，本书采用显式通信[38]。

2.4.3　相关概念

为形式化描述群机器人的目标搜索过程，并根据适应值评估结果依据最优位置准则确定个体感知和群体的最优位置，提出以下概念：

（1）通信邻域结构。本书采用通信邻域的概念[96]。定义如下：机器人的通信邻域，是以自身所处位置为中心、以最大通信距离 R 为半径的圆邻域所涵盖的机器人集合。所有个体机器人的邻域组成了群机器人系统的邻域结构（Neighborhood Structure），邻域结构反映了群机器人系统的空域特征。正常情况下，机器人在进行目标搜索时处于持续运动状态，这便意味着邻域结构是动态变化的，从而引出时变特征群概念。

（2）时变特征群。有别于邻域结构，时变特征群属于个体层次的范畴。具体可进行如下定义：对于个体机器人而言，其在某时刻的邻域由其最大通信半径 R 决定，称变化着的该邻域为时变特征群（Time-Varying Characteristic Swarm，TVCS），机器人之间的交互仅限于在同一个时变特征群内进行，图 2-6 所示为时变特征群，综合反映了群机器人系统的时域和空域特性。这样，便可以按式（2-14）所示的准则确定搜索空间中的最优位置，式中，$I()$为目标信号状态到测量读数的检测函数。

$$p_{(i)}^*(t) = p_k^*(t), \ \arg_k \max\{I[p_k^*(t)], k \in R_i's\ \text{TVCS}(t)\} \quad (2\text{-}14)$$

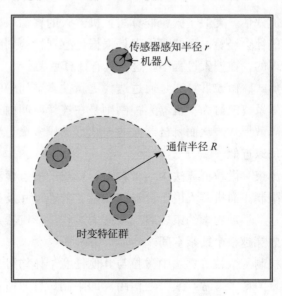

图 2-6　群机器人系统中的时变特征群

（3）一阶惯性环节。借鉴控制理论，由于机器人的运动过程在短时间内的动态行为可由一阶惯性环节加纯滞后或二阶惯性环节来描述，故可将个体机器人的运动用一阶惯性环节近似。

2.4.4　扩展微粒群算法模型的形式化表示

群机器人模型可用进化迭代方程表示。其中，以标量形式给出的扩展微粒群算法模型为

$$
\begin{cases}
v_{ij}^{\exp}(t+1)=wv_{ij}(t)+c_1 r_1(x_{ij}^{*}-x_{ij})+c_2 r_2[x_{(i)j}^{*}-x_{ij}] \\
v_{ij}(t+\Delta t)=v_{ij}(t)+\dfrac{1}{T}[v_{ij}^{\exp}(t+1)-v_{ij}(t)] \\
x_{ij}(t+\Delta t)=x_{ij}(t)+v_{ij}(t+\Delta t)\Delta t
\end{cases}
\tag{2-15}
$$

式中，$v_{ij}(t)$ 和 $x_{ij}(t)$ 分别是机器人 R_i 在时刻 t 的第 j 维的速度与位置；$v_{ij}^{\exp}$ 是 R_i 在 $t+1$ 时刻的期望速度；w 是算法惯性系数；c_1 和 c_2 分别是认知及社会加速常数；r_1 和 r_2 为在 $[0,1]$ 范围中变化的随机值。$x_{ij}^{*}(t)$ 是机器人 R_i 自身经历的最优位置第 j 维的坐标，而 $x_{(i)j}^{*}(t)$ 则是 R_i 的时变特征群中的最优位置第 j 维的坐标，$\dfrac{1}{T}$ 为机器人及其控制器的一阶惯性环节表示。

以向量形式给出的扩展微粒群算法模型为

$$
\begin{cases}
\boldsymbol{v}_{k+1}^{i}=w_k \boldsymbol{v}_k^{i}+c_1 \boldsymbol{r}_1(\boldsymbol{p}_k^{i}-\boldsymbol{x}_k^{i})+c_2 \boldsymbol{r}_2(\boldsymbol{p}_k^{g}-\boldsymbol{x}_k^{i}) \\
\boldsymbol{x}_{k+1}^{i}=\boldsymbol{x}_k^{i}+\boldsymbol{v}_{k+1}^{i} \\
\boldsymbol{v}_{k+\Delta k}^{i}=\boldsymbol{v}_k^{i}+\dfrac{1}{T}(\boldsymbol{v}_{k+1}^{i}-\boldsymbol{v}_k^{i})
\end{cases}
\tag{2-16}
$$

式中，$\boldsymbol{v}_{k+1}^{i}$ 和 $\boldsymbol{x}_{k+1}^{i}$ 分别是机器人 R_i 在时刻 $k+1$ 的期望速度和进化位置坐标向量；但不同于微粒群算法中的进化更新，群机器人须在若干个时间步 $n\times\Delta k$ 内由 $\boldsymbol{x}_k^{i}$ 运动到 $\boldsymbol{x}_{k+1}^{i}$，且其运动受机器人运动学特性约束，此特性可简化为一阶惯性环节 $\dfrac{1}{T}$，其实质是算法意义上的步长缩减因子。

第 3 章 理想条件下的群机器人目标搜索

以扩展微粒群算法为建模工具，建立群机器人系统模型后，可进一步将其作为协调控制工具，用于理想环境中的群机器人控制。以此明晰控制参数的作用。

3.1 成员机器人控制器结构

决定群体智能控制算法发挥作用的关键是在个体和群体二个层面的最优经验指导下调节机器人的运动行为，须以建立在目标信号检测基础上的位置评估和通信交互为基础。由于传感器的检测范围有限，机器人仅能在某些位置检出目标信号。当机器人自身无法检出目标信号，且通过交互获悉邻居机器人也无法检出目标信号时，即无法发挥群体协调搜索的优势。有鉴于此，针对个体机器人设计了如下的控制策略：机器人无法在最优经验指导下运动时采用漫游行为，漫游状态下只能依赖自身能力搜索目标，故为单独搜索。漫游策略的设计以在最短时间内尽可能覆盖较大面积的搜索区域为原则。所以，当机器人从出发区域释放时即处于漫游状态，因为其与目标的距离超出了传感器的检测范围，此处采用效率较高的螺旋发散漫游方式[7]。对于成员机器人而言，待漫游过程中自身或至少一个特征群邻居感知到目标信号后，由漫游状态迁移到搜索状态，在此状态下可按群体智能原则确定移动位置，因此，此状态可定义为群体搜索。若移动过程中目标信号"丢失"，则状态再迁移到漫游状态。如此不断接近潜在目标直至搜索完成或因设置时间到而终止搜索过程。目标辨识[97]非本书重点，为了简化，机器人足够接近目标时即视为搜索成功，状态相应迁移到声明发现目标的发现声明（Declaration）状态。

成员机器人的控制器设计须反映以上策略，故可将机器人控制器用三状态的有限状态自动机实现。有限状态自动机可视为组合逻辑和寄存器逻辑的组合[31]，寄存器逻辑的功能是存储有限状态机的内部状态；而组合逻辑可分为次态逻辑和输出逻辑两部分，前者用来确定有限状态机的下一个状态，后者则用来确定有限状态机的输出。实际上，有限状态自动机的关键是根据具体任务定义被控对象的行为和状态。就目标搜索任务而言，状态分别设置为发现信号、搜索目标及声明发现目标[97]等。无论处于何种状态，均设计为机器人避碰行为优先，换言之，避碰是机器人的底层行为，故不将其设为独立状态，该有限状态自动机示意如图 3-1 所示。

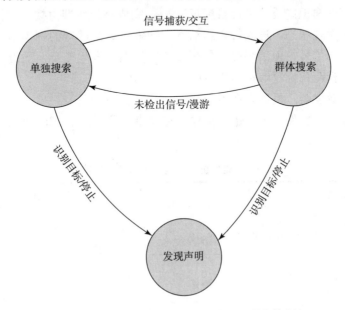

图 3-1　基于有限状态自动机的成员机器人控制

本书涉及目标搜索的群机器人协调控制方法研究，成员机器人控制是群机器人协调控制的基础。图 3-1 所示的有限状态自动机状态及其迁移包括：

（1）捕捉信号。由于搜索空间远大于机器人配置的传感器作用距离，搜索开始时机器人首先进入随机漫游搜索状态，其作用在于漫游过程中"捕捉"目标信号发现目标线索。漫游搜索策略的设计应遵循如下原则：在最短时间内覆盖尽可能大的空间。为此，Hayes 提出直线式、步进式、折线式和螺旋发散式的漫游策略[7]，孟庆浩等提出爆炸分散式漫游策略[98]。典型的漫游策略如图 3-2 所示，本书采用螺旋发散式漫游搜索。

（2）目标协作搜索。机器人漫游到能够感知目标的位

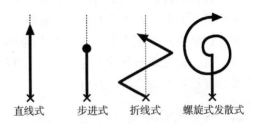

图 3-2　机器人的典型漫游方式

置，或在时变特征群中通过交互获悉至少一个邻居机器人检测到目标信号，状态即由漫游迁移到协作搜索状态。此状态下，机器人在群体智能控制算法的作用下自主决策自身的运动行为。

（3）声明发现目标。当机器人与目标足够接近时，即启动某种机制如运用数字图像识别技术进行目标辨识[97]，完成辨识后即由搜索目标状态变迁到声明发现状态，进而停止运动终止搜索过程。评判的标准是虽能够持续感知目标信号，但信号强度却在较长时间内不发生变化。仿真时可待机器人运动到距目标足够近的距离即视为发现目标。

（4）触发器。机器人在不同状态间的迁移由触发器触发，触发器由单一事件或多个事件的组合逻辑构成，相关事件集及组合逻辑的描述和定义见表 3-1。

表 3-1　成员机器人控制状态变迁触发器

变迁前状态	事件	触发逻辑	变迁后状态	行为
单独搜索	①捕获信号 ②特征群邻居捕获信号	①或②	群体搜索	交互
群体搜索	③丢失信号 ④特征群邻居丢失信号	③与④	单独搜索	漫游
单独搜索	⑤辨识目标	⑤	发现声明	停止
群体搜索	⑤辨识目标	⑤	发现声明	停止

3.2　扩展微粒群算法模型要素分解

微粒群算法扩展成为群机器人系统的建模和协调控制工具后，群机器人控制便体现出类微粒群算法的特点。在微粒群算法中，适应值评估是通过计算目标函数直接得到的。与此类似，据图 2-5 所示的映射关系，可以抽象机器人关于群机器人定位、通信交互、目标信号融合、避碰规划等环节，这显然是确定本书研究内容的依据。为了验证扩展微粒群算法的效果，首先研究理想条件下的群机器人目标搜索问题。理想条件包括环境设置和群机器人系统两个方面。

3.2.1　搜索环境

群机器人由基于行为的自主移动机器人构成，成员运动并不需要精确规划和环境描述[31]，故环境设置为图 3-3 所示的结构化二维封闭区域，且假设环境地图不须绘制。由于本章机器人采用质点模型，故进一步假设环境中不存在障碍。

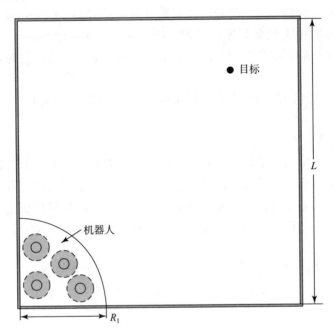

图 3-3　理想搜索环境

3.2.2　搜索主体

群机器人由基于质点模型的成员机器人组成，故不考虑质量、物理尺寸以及运动机构等对运动能力造成的影响，其动态特性用一阶惯性环节代替。但机器人各项功能涉及的自身定位、目标信号检测、局部通信交互等子系统均须考虑。所有与系统有关的理想化条件列于表 3-2。

表 3-2　群机器人扩展微粒群算法模型的要素分解

要素	理想情形	实际情形
定位	绝对	绝对/相对
通信交互	全局	局部
目标信号检测与融合	单源连续信号	实时性多源异类信号
机器人行为控制	质点位置离散迭代	运动学约束
避碰规划	未考虑	考虑

1）定位

微粒群算法中的微粒具有关于所有微粒的位置知识，即微粒定位采用了绝对定位的方式。换言之，优化目标和所有微粒位置均针对同一个坐标系统。显然，群机器人系统也可以借鉴此类定位机制。但是，部分环境尤其是室内环境中类似全球定位系统（Global Positioning System，GPS）的绝对定位系统难以部署，须采用相对定位机制。不可否认，绝对定位在处理问题的便利性方面拥有无与伦比的优越性。鉴于此，为了验证扩展微粒群算法模型的有效性以及控制策略，此处假设理想定位为绝对定位机制。

2）通信交互

群体智能原则要求群机器人系统内部仅具有局部交互机制，即成员机器人在搜索过程中不具备全局通信能力，与其他群体成员的交互决定于相对距离，此即第 2 章提出的时变特征群概念基础。局部通信交互机制决定了群体经验的获取与共享是在多大范围进行的，通信半径越大，理论上认为会有更多的成员共享社会经验。

（1）通信协议。机器人的通信报文结构设计为机器人编号 ID、信号检测值 iSig.、自身最佳感知位置坐标 iBestPos. 等，前两者各占 1 Byte，位置坐标占 2 Byte，采用广播和监听方式通信，数据报文结构如图 3-4 所示。

ID	MaxSig.	BestPos.X	BestPos.Y

图 3-4　机器人通信报文结构

（2）广播。根据不同通信策略要求，机器人在检测到目标信号后适时把最强信号检测值和相应的位置坐标在其特征群内广播。

（3）监听。机器人在每个采样周期监听时变特征群中邻居机器人的信号检测值和位置坐标消息，与存储器中记忆的社会最优值比较，确定社会经验后用以引导下一步的搜索行为。

3）目标信号检测

机器人装备了适应于目标信号的传感器以检测。注意，机器人用于定位和避障的内部传感器、接近传感器等不在此处讨论。考虑机器人的有限能力要求，传感器不总能读取所有位置上的信号强度，故可将传感器误差视为随机扰动信号。此限制保证了机器人协作是分布式的[99]。与搜索空间相比，传感器的检测半径相对很小。进一步地，假设目标信号的发射能量恒定，在可检测区域连续，目标信号的产生与检测均采用式（3-1）所示的数学模型。

$$I(d_i) = \begin{cases} \dfrac{P}{d_i^2} + \eta(\ ), & d_i < r \\ 0, & \text{其他} \end{cases} \tag{3-1}$$

式中，P 为目标信号的发射能量，假设在检测过程中是连续恒定的，d_i 为目标与机器人 R_i 之间的几何距离，r 为信号传感器的检测半径，$\eta(\ )$ 为呈正态分布的高斯白噪声。显然，目标信号的检测过程被简化为检测函数 $I(\ )$ 对距离变量 d_i 的作用[55]。环境中各位置的信号强度也仅取决于该点和目标的距离，距离目标越远，信号强度越小。即以设定的最大检测半径为依据，超过对应的函数值被截断。这类似于适应值函数，但采取了分段函数的形式。其物理意义是，在超过机器人最大检测半径的位置处读取的目标信号强度值低于检测阈值。

4）避碰规划

在微粒群算法中，寻优是通过位置迭代完成的，不存在空间冲突问题。但在群机器人系统中，由于机器人具有物理尺寸，位置冲突不可避免，故有必要规划机器人的避碰路径。避碰包括静态障碍和动态障碍，其中，静态障碍是环境物体，动态障碍则是其他机器人[100]。也有文献将其细分为避障和避碰问题[101]，但二者处理并无本质差别，本书统一称为避碰。因本章假设搜索空间不存在环境障碍，故静态避碰未予考虑。而机器人同时处于运动状态，故须考虑动态避碰。但是，由于机器人采用质点模型，这里也不考虑机器人的避碰规划。

3.3 控制策略

用扩展微粒群算法建模法建立群机器人系统模型后，可进一步将其作为协调控制工具，在群体智能原则框架下开发群机器人协调控制策略。

3.3.1 系统建模

采用标量形式。设 N 代表群机器人规模，$X_i = (x_{i1}, x_{i2})$ 和 $V_i = (v_{i1}, v_{i2})$ 分别代表机器人 R_i 在当前时刻 t 的位置和速度。$X_i^* = (x_{i1}^*, x_{i2}^*)$ 和 $X_{(i)}^* = [x_{(i)1}^*, x_{(i)2}^*]$ 分别代表 R_i 自身经历的最佳位置及该时刻时变特征群中的社会最佳位置，即 R_i 与其时变特征群中的邻居机器人能够感知的最强信号位置。机器人 R_i 的当前最佳位置由式（3-2）所示准则确定：

$$X_i^*(t+\Delta t)=\begin{cases} X_i^*(t), & I[X_i^*(t+\Delta t)]\leqslant I[X_i^*(t)] \\ X_i^*(t+\Delta t), & \text{其他} \end{cases} \qquad (3\text{-}2)$$

式中，Δt 为机器人运动时减小其步长的因子，该因子的引入是为了使机器人能够"平滑"移动以精细搜索。同时，这样处理亦契合了物理机器人的质量惯性因素。需要声明，该参数不同于其他参数，因其与问题的物理属性无关。然而，也可以这样理解：物理体因质量而具有惯性。甚至可将 Δt 视为采样周期。实际上，最佳 Δt 的选择已超越了算法意义：过小的 Δt 将引起机器人移动步幅过小，当取微粒群算法中默认的 $\Delta t = 1$ 时，将可能造成机器人的跳跃式运动而越过目标[102,103]，这自然有悖于实际情况。于是，按照机器人 R_i 的时变特征群定义并用式（3-3）确定其社会最佳位置。

$$X_{(i)}^*(t)=X_k^*(t),\ \arg_k\max\{I[X_k^*(t)]\},\ k\in R_i' \text{s TVCS}(t)\} \qquad (3\text{-}3)$$

考虑机器人 R_i 的质量及控制器综合引起的惯性、加速度及速度限制等因素，可得机器人运动速度和位置的迭代方程

$$\begin{cases} v_{ij}^{\exp}(t+1)=wv_{ij}(t)+c_1r_1(x_{ij}^*-x_{ij})+c_2r_2[x_{(i)j}^*-x_{ij}] \\ v_{ij}(t+\Delta t)=v_{ij}(t)+\dfrac{1}{T}[v_{ij}^{\exp}(t+1)-v_{ij}(t)] \\ x_{ij}(t+\Delta t)=x_{ij}(t)+v_{ij}(t+\Delta t)\Delta t \end{cases} \qquad (3\text{-}4)$$

式中，$v_{ij}(t)$ 和 $x_{ij}(t)$ 分别是 t 时刻机器人 R_i 第 j 维的速度与位置；$v_{ij}^{\exp}$ 为 R_i 在 $t+1$ 时刻的期望速度；w 是算法惯性系数；c_1 和 c_2 分别为自身认知和社会加速常数；r_1 和 r_2 为 $[0,1]$ 范围中变化的随机值。$x_{ij}^*(t)$ 为机器人 R_i 自身经历的最优位置第 j 维坐标；$x_{(i)j}^*(t)$ 则是 t 时刻机器人 R_i 所属时变特征群中的最优位置第 j 维坐标；$\dfrac{1}{T}$ 为机器人的一阶惯性环节表示。

3.3.2　算法描述

实施控制时，机器人的位置和速度在限制最大速度的前提下随机产生，出发位置限定在搜索环境中远离目标的角落，随后的速度与位置的更新根据式（3-4）产生。$t=0$ 时，每个机器人的位置视为最佳感知位置，此时的目标信号检测值视为最强感知值，相对于该值的位置即最佳位置。算法一次循环中，在前次迭代所得结果基础上计算新的速度和位置。所有机器人的更新完成后，机器人最佳认知位置和时变特征群中的社会最佳位置须更新。该过程一直循环执行到至少一个机器人足够接近目标位置时结束。因为算法是完全分布的，在各机器人上执行的伪代码描述如图 3-5 所示。

Algorithm 1 理想条件下的群机器人搜索

 1: **Input:** 自身位置坐标
 2: **Output:** 期望速度和位置
 3: **initialize**
 4:　　计数器 $t \leftarrow 0$;
 5:　　定位 iPos;
 6:　　给定初速度 iV;
 7:　　检测目标信号 I(iPos);
 8:　　记忆自身最强感知 iMaxSig $\leftarrow$ I(iPos);
 9:　　记忆自身最佳位置 iBestPos $\leftarrow$ iPos;
10:　　记忆时变特征群最强信号 iSwarmMaxSig $\leftarrow$ I(iPos);
11:　　记忆时变特征群最优位置 iSwarmBestPos $\leftarrow$ iPos;
12: **repeat**
13:　　检测目标信号 I(iPos);
14:　　监听时变特征群中的邻居机器人消息;
15:　　**if** I(iPos) > 0 **or** I(jPos) > 0 **then**
16:　　　　设置搜索状态 iState $=$ SEARCH
17:　　**else**
18:　　　　设置漫游状态 iState $=$ WANDER
19:　　**end if**
20:　　**if** I(iPos) $> i$MaxSig **then**
21:　　　　iMaxSig $\leftarrow$ I(iPos);
22:　　**end if**
23:　　写报文 ID $+ i$MaxSig $+ i$BestPos;
24:　　广播;
25:　　**if** iSwarmBestPos $< j$MaxSig ($j \neq i$) **then**
26:　　　　iSwarmBestPos $\leftarrow$ jMaxSig;
27:　　**end if**
28:　　**if** iState $=$ WANDER **then**
29:　　　　按螺旋式漫游计算机器人移动位置并做约束处理
30:　　**else**
31:　　　　用公式 (3-4) 计算期望速度和位置并做约束处理
32:　　**end if**
33:　　机器人移动一步;
34:　　$t \leftarrow t + 1$;
35: **until** 发现目标或设置时间到

图 3-5　理想环境下群机器人目标搜索协调控制算法

3.4   仿真

通过仿真，验证扩展微粒群算法模型用于群机器人协调控制的可行性，进而研究控制性能。为了使实验结果具有可比性，将目标固定设置在远离机器人出发区域的搜索空间一角，以避免在搜索开始时就给机器人以目标信号良好的感知，变相降低搜索难度。这亦与实际工作情形吻合。实验设计遵循以下原则：首先考察扩展微粒群方法的可行性，进而研究影响控制性能的关键参数作用。考虑到群体智能算法的随机性，同等条件的仿真重复进行多次，然后统计分析所得数据。

3.4.1   参数设置

搜索环境设计和成员机器人参数，包括环境尺寸与目标位置、通信半径、检测半径、机器人数量与最大速度等的设置，见表3-3。由于机器人采用质点模型，其物理尺寸与用于定位的内部传感器以及用于避碰规划的接近传感器等此处未涉及。另外，为保证检测信号具有足够的信噪比，将目标信号的发射能量设置为足够大，以降低随机扰动信号的影响。

表 3-3   搜索环境、目标及群机器人系统仿真参数

符号	含义	取值	符号	含义	取值
$L \times L$	搜索空间	150×150	v_{max}	最大速度	2
R	通信半径	50	R_1	扇形半径	65
r	检测半径	50	P	目标信号能量	1 000
L_{OC}	目标位置	(130,130)	Δt	采样周期	400
N	系统规模	3,5,8,10,16,24	$\dfrac{1}{T}$	惯性环节	$\dfrac{1}{600}$

3.4.2   性能指标

控制算法的性能评估，须在特定的指标体系下进行。图3-5所示为理想环境下群机器人目标搜索协调控制算法。考虑目标搜索问题的背景，特设计了以下指标。

（1）搜索效率。该项指标基于时间原则。用群机器人中完成搜索任务的所有成员机器人经历的平均迭代次数表征。由于采样周期已先行确定，

时间步与迭代次数之间便建立了对应关系，故可以通过考察迭代次数间接考察平均时间消耗。在其他条件相同的情况下，迭代次数越多，所需时间越长，效率越低；反之，迭代次数越少，搜索效率越高。

（2）系统能耗。该项指标基于距离原则。用完成搜索任务时所有机器人的移动距离来表征。由于单位距离内机器人的能耗一定，故通过考察机器人移动的平均距离可确定平均能耗。

（3）信号变化。不考虑扰动因素，机器人在搜索空间各位置处检出的目标信号强度与该点和目标之间的距离近似成平方反比关系。通过考察目标信号检测值随搜索进程的变化情况，可间接明晰群机器人的加权中心随时间推移接近潜在目标的情况。

3.4.3　结果与讨论

先考察扩展微粒群算法模型用于群机器人目标搜索任务的可行性，在此基础上，进一步考察其控制性能。

1）可行性

考虑 $N=3,5,8,10,16,24$ 等规模的群机器人系统。除了系统规模外，表 3-3 中的其余参数设置保持不变。针对不同规模系统各重复进行 10 次实验。结果发现，若每次实验设定的时间充分长，则无论规模大小总可以搜索到目标。这说明控制算法具有较好的系统规模适应性。图 3-6 所示为不同规模群机器人完成搜索任务时的典型运动轨迹。显然，对于特定出发区域，须特别考虑规模过大如 24-rob 的群体系统发生空间位置冲突的可能性，即便机器人采用了质点模型。故在验证可行性后不再考虑 $N=24$ 情形。

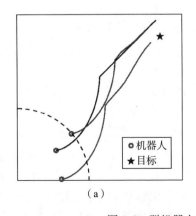 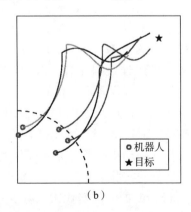

（a）　　　　　　　　　　　　　（b）

图 3-6　群机器人目标搜索的典型轨迹

（a）$N=3$；（b）$N=5$

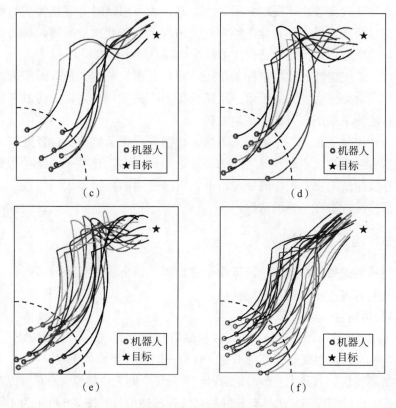

图 3-6　群机器人目标搜索的典型轨迹（续）

(c) $N=8$；(d) $N=10$；(e) $N=16$；(f) $N=24$

2). 不同群体规模的控制性能比较

群机器人系统规模由成员机器人数量决定。为考察系统规模与控制性能的关系，特对 $N=3,5,8,10,16$ 等规模系统进行比较研究。

（1）搜索效率。图 3-7 所示为不同规模的群机器人系统完成目标搜索任务时的统计数据比较。其中，3-rob、5-rob、8-rob、10-rob 及 16-rob 规模的群机器人在各自进行的 10 次重复仿真实验中完成搜索任务所需的平均迭代次数依次为 $117.70\pm30.317\,0$、$110.833\,3\pm16.536\,1$、$108\pm15.462\,6$、$106.937\,5\pm10.914\,6$ 及 $107.823\,5\pm9.221\,1$，基本随系统规模的增大呈下降趋势，但并非为线性关系。由图 3-7 可见，在对不同规模群机器人所做的实验中，5-rob 群体、8-rob 群体和 10-rob 群体分别较 3-rob、5-rob 和 8-rob 群体的迭代次数减少 6.866\,7 次、2.833\,3 次和 1.062\,5 次，仅 16-rob 较 10-rob 群体所需次数略增 0.886\,0 次。这表明，对于表 3-3 所给仿真参数，搜索效率随系统规模的增大而提高。

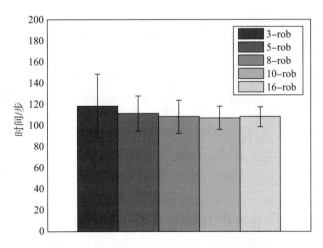

图 3-7　不同规模群机器人完成相同目标搜索任务的效率

（2）能耗。图 3-8 所示为不同规模群机器人完成搜索任务时的平均移动距离及其标准差，反映了平均耗能情况。其中，3-rob 群体中所有机器人在 10 次重复实验中的平均移动距离为 157.382 0±30.466 0。以 3-rob 群机器人系统为基准，其他规模的群机器人该项指标依次降低 5.28％、5.82％、3.18％、5.74％。在表 3-3 所示参数情况下，对于不同规模的系统而言，该项指标说明不同规模系统的群体加权中心距目标的距离在完成搜索任务时的差异。具体地讲，从机器人投入工作时的起始位置来看，出发区域和目标位置的设置对于不同规模的群体系统保持一致，意味着它们之间的相对位置关系维持不变。由于初始化时机器人限定在出发区域内，

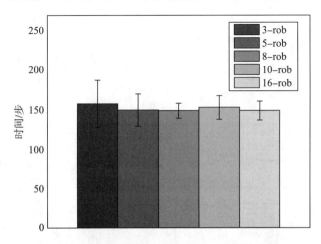

图 3-8　完成搜索任务的成员机器人平均移动距离

群体加权中心即为该区域质心，不妨记质心坐标为 $M(x_0, y_0)$，而目标位置设置为 $P_T(x_0, y_0)$。于是，质心距目标位置为 $\rho = (P_T, M)$。当对不同规模的群机器人系统采用同样的搜索策略和控制机制时，不同规模系统中的个体机器人首次检出目标信号的位置接近，但由于较大规模系统可共享的社会经验较具优势，反映在群体智能原则指导下的目标搜索所需的平均移动距离稍小。

(3) 信号变化。图 3-9 所示为搜索从开始到完成所有机器人检出的平均信号强度与迭代次数的关系，间接反映了群体加权中心与目标之间的距离变化。图形显示表明，针对不同规模群体系统分别重复进行的统计结果虽有所差异，但变化趋势均相似。系统开始运行时曲线保持较大斜率，说明机器人检测到的目标信号平均强度增长较快，说明群体加权中心接近目标的速度较快。第 26 次迭代时出现了一个明显拐点，然后平均信号强度以较小的斜率缓慢增长，直到发现目标时达到平均信号强度最大值。机器人检出的平均目标信号强度之所以如此变化，与机器人控制器采用的有限状

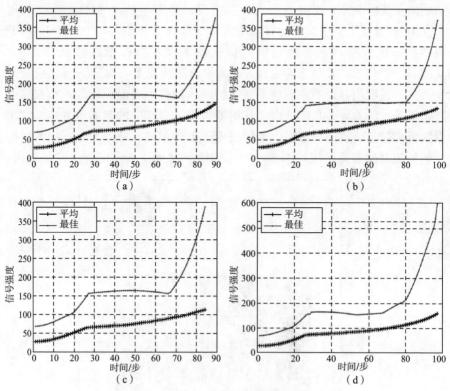

图 3-9　搜索过程中机器人检测的信号变化

(a) $N=3$；(b) $N=5$；(c) $N=8$；(d) $N=10$

态自动机设计吻合。根据出发区域设置与目标相对位置关系以及螺旋发散式漫游搜索控制算法（见图 3-10），机器人从出发区域开始搜索时，由于传感器检测距离有限无法捕捉目标信号，机器人受有限状态自动机控制，首先进行螺旋发散式漫游以发现目标信号。当至少一个机器人漫游到能够检出目标信号的位置时，状态迁移触发，由漫游状态进入搜索状态。状态迁移位置即曲线拐点，即图 3-9 所示第 26 次迭代时对应位置。由此机器人进入目标信号感知区域。拐点之后平均信号强度增长缓慢，说明群体中心距离目标的接近速度在变慢。这与漫游和搜索状态下不同的控制算法有关。漫游状态下，机器人的运动行为不受群体经验影响，强调移动速度，力图能最快覆盖搜索区域以发现目标信号。而状态迁移到搜索状态后，则转为精细搜索。从控制方式看，螺旋发散式漫游只采用了简单的位置迭代控制，未考虑惯性影响。而搜索状态下是通过速度控制实现位置控制的。

Algorithm 2 螺旋发散式随机漫游

1: **if** $iState = SingleSearch$ **then**
2: 　　$x_{ij}(t+1) = x_{i1}(t) + n(t)a\theta \cos(n(t)\theta), \ j = 1, 2$
3: **end if**
4: 位置更新;
5: $t \leftarrow t + 1$;

图 3-10　机器人随机漫游搜索控制算法

仅发生一次状态迁移的原因，是假设目标信号连续恒定释放。机器人第一次捕捉到目标信号后即在群体智能原则下受控运动，其后经过的位置从理论上讲比前一时刻位置更优，换言之，此位置要较前一时刻位置更接近目标。这样，信号第一次捕捉后即一直持续检出直到发现目标。目标信号的平均强度变化体现了此特点。同时，每次迭代群体中最强检测信号的变化趋势与平均强度有所不同。机器人在搜索开始后的前 25 次位置进化迭代中，不同规模群机器人检出的最大目标信号强度增长缓慢，之后不再增长并基本保持该趋势不变。该趋势一直保持到第 70 至 80 之间的某次迭代，具体随不同规模而略有变化，然后急剧增长直到发现目标。这表明各次迭代中距目标最近的机器人检测信号的变化情况。在拐点以前群体最强检测信号增长较慢，而中间一段几乎不变，说明最佳位置距目标无变化，而后待多数机器人在社会经验引导下均足够接近目标时，最优位置的个体再快速向目标移动。为了考察机器人检出的平均信号强度与系统规模的关系，将不同规模的统计数据集中示于图 3-11。结果发现，几种情形的变化趋势相当接近，表明系统规模对机器人检出的平均信号强度并无明显影响。

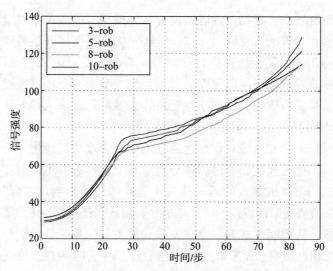

图 3-11　群机器人系统规模与平均信号强度关系

（4）系统规模的伸缩性。人工群体系统应具有良好的伸缩性。对小规模系统运行良好的控制算法，若在同等条件下对大规模系统的性能急剧下降，则无法说明控制算法对于系统规模具有良好的伸缩性。有鉴于此，通过分析针对不同规模的群机器人系统所进行的仿真实验，发现在设置如表3-3 所示参数并保持不变时，系统规模越大所需迭代次数越少，即算法执行效率越高，但搜索效率提高的程度与系统规模扩大的程度并不呈线性关系，群机器人系统规模与移动距离关系如表 3-4 所示。因此，系统规模越大耗能越高。显然，系统以能耗为代价换取效率。

表 3-4　群机器人系统规模与移动距离关系

系统规模	$N=3$	$N=5$	$N=8$	$N=10$	$N=16$
平均移动距离	157.382 0	149.076 6	148.223 6	152.371 8	148.344 5
总移动距离	472.146 0	745.383 0	1 185.8	1 523.7	2 373.5

3）特定规模群机器人系统的控制性能

明确不同系统规模对控制性能的影响以后，再针对特定系统规模（此处取 $N=10$）的主要参数变化如通信半径、检测半径等进行比较。

（1）检测半径对搜索速度的影响。检测半径是机器人配置的目标信号传感器与信号检测阈值对应的最大作用距离，表征检测信号的灵敏程度。检测半径越大，灵敏度越高，反之越低。实验设计为，在固定通信半径时，分别增大检测半径，考察其迭代次数。然后增大通信半径，再分别增大检测半径，考察迭代次数随检测半径变化的规律。结果可由图 3-12 看出，固定通信半径时，迭代次数随检测半径的增大而减小，从而较快地发现目标信号，并由漫游状态迁移到搜索状态。由于机器人处于搜索状态时受群体经验指导，故可以加快搜索速度。

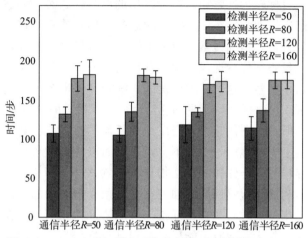

图 3-12　10-rob 群机器人系统的搜索速度与检测半径关系

（2）通信半径对搜索速度的影响。通信半径表征了机器人能够交互的最大距离，其作用体现在时变特征群规模的大小上，它决定着个体机器人能够在多大程度上共享社会经验。从理论上说，通信半径越大，特征群的规模也越大，当通信半径能够覆盖整个搜索空间时，所有机器人的时变特征群即演化为整个群体，这样可以最大限度地共享群体信息，提高搜索效率，图 3-13 所示为 10-rob 群机器人系统的迭代次数与通信半径关系。

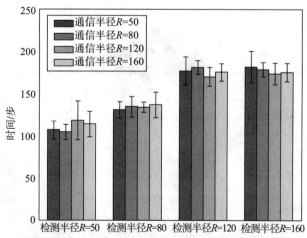

图 3-13　10-rob 群机器人系统的迭代次数与通信半径关系

（3）通信半径与检测半径对搜索速度的综合影响。当通信半径与检测半径同时变化时，其综合变化趋势可以用图 3-14 示意。显然，当二者分别增大或同时增大时，系统完成搜索任务所需的时间均减少。这是因为，由于机器人在距目标较远处感知到目标发出的信号，状态迁移被触发，机器人由漫游状态进入搜索状态，而搜索状态受群体智能算法控制，对运动速度进行了有效调节以精细搜索，所需的迭代次数增大。相反，机器人处于漫游状态时，仅施加位置迭代控制，其目的是最大限度地覆盖搜索区域以尽快捕捉到目标信号，这可从螺旋发散式漫游算法中窥得端倪，参见图 3-10 所示的算法 2。这样，对于平均移动距离基本接近的群机器人搜索而言，漫游搜索距离所占的比例越大，完成搜索所需的总迭代次数反而越少。实际上，在现实搜索环境中，一般不会经过短时漫游即发现目标信号，从而触发状态迁移进入受群体智能算法指导的搜索状态。两相比较，漫游状态中的机器人行为属于偶然性的单独搜索，而搜索状态中的机器人行为则属于受社会经验指导、具有潜在目标指向性的协同搜索行为。在进行目标搜索时，检测半径越大，便有可能尽早捕捉到目标信号，从而受协同搜索算法的作用尽快搜索定位目标。从这个意义上说，搜索耗时与检测半径同向增长的现象是可以理解的，也是与特定的漫游算法设计密切相关的。与此相似，通信半径越大，机器人可以分享的社会经验在空间上越分散，在某个机器人捕捉到目标信号从而触发状态迁移进入协同搜索状态后，由于通信半径越大，其时变特征群的规模越大，能够分享此信息的邻居机器人越

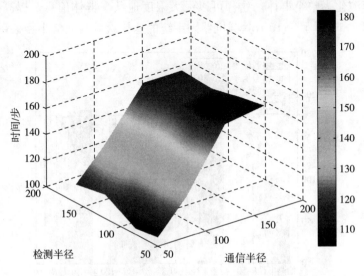

图 3-14 通信半径及检测半径对搜索耗时的综合影响

多，协同搜索的作用越强，而协同搜索状态下的目标搜索行为属于精细搜索，故耗时越长。

（4）目标信号检测值的变化。图 3-15 所示为群机器人在执行搜索任务时，系统中所有机器人检测的平均信号强度、耗时与检测半径和通信半径的关系。该项指标间接反映了群体加权中心与潜在目标的距离变化情况。图 3-15 显示，对于不同的通信半径，机器人检测到的平均信号强度随搜索过程的进行逐渐变大的趋势是近似的。对于同样的平均信号强度，检测半径越大耗时越长。反过来，同样的迭代次数对应的信号强度，检测半径越大的情形反而较检测半径越小的更低，这与处于漫游状态的机器人不接受群体智能算法精细调节的控制算法设计是吻合的。类似地，通信半径参数对群机器人的目标搜索效率亦有影响，仿真实验的数据统计如图 3-16 所示，但其作用并不明显。实际上，现实中的检测半径一般较通信半径小。故可以认为，二者相较，检测半径变化较通信半径更大地影响系统性能。

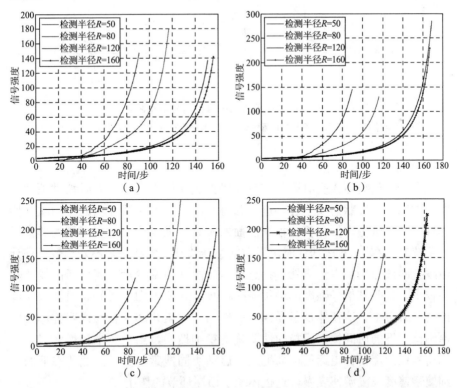

图 3-15　10-rob 群机器人系统中目标信号与通信半径关系

（a）通信半径 $R=50$；（b）通信半径 $R=80$；（c）通信半径 $R=120$；（d）通信半径 $R=160$

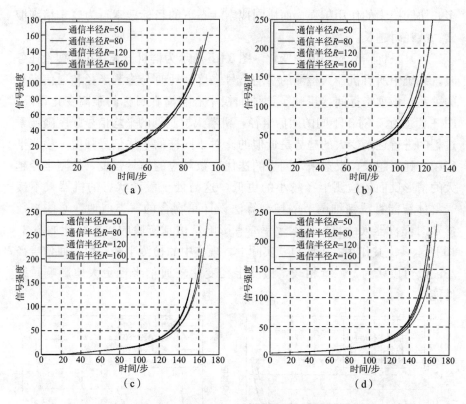

图 3-16   10-rob 群机器人系统目标信号与检测半径关系

（a）检测半径 $R=50$；（b）检测半径 $R=80$；（c）检测半径 $R=120$；（d）检测半径 $R=160$

4）惯性环节的作用

　　由于成员机器人受有限状态自动机控制，处于漫游状态时惯性项并不发挥作用，仅在状态发生迁移进入到协同搜索状态时惯性项的作用才开始体现。这里试做定性分析，根据前面的实验数据统计，不同规模的群机器人系统基本在第 26 次迭代时由漫游状态迁移到搜索状态，不妨称数据统计曲线上的该点为拐点。显然，拐点之前的曲线斜率较大，而之后曲线的斜率较小，说明其信号强度的增长速度降低，由式（3-1）可知，机器人速度的增长减缓了，这便体现了惯性项的作用。搜索时间变长，说明群体智能原则指导下的协同搜索为指向性明确的精细搜索，当检测半径增大时，目标信号在距离目标更远处被捕捉从而启动协同搜索行为，而此状态下的精细搜索速度较漫游速度慢，这也体现了惯性环节的作用。

3.5　总　结

从理想条件下基于扩展微粒群算法模型的群机器人协调控制仿真结果分析中，可以得到以下结论：

（1）扩展微粒群算法作为群机器人的协调控制工具可行。

（2）基于扩展微粒群算法的协调控制，能够适应系统规模的变化。

（3）其他参数不变时，搜索效率会随系统规模的扩大而提高。

（4）系统能耗随系统规模的扩大而提高。

（5）群机器人的搜索速度随机器人检测半径和通信半径的增加而提高，且检测半径的影响超过通信半径的影响。

（6）群机器人无论规模大小，其加权中心均随搜索进程接近目标。

第4章　相对定位机制下的
群机器人目标搜索

围绕群机器人的定位原理、机器人配置的典型传感器作用机理、定位系统以及定位技术等特点，研究群机器人在相对定位机制下扩展微粒群算法建模与协调控制方法。

4.1　自主移动机器人定位研究述评

自主移动机器人须具备关于自身在环境中的精确位置和姿态等知识，此谓机器人定位问题，是完成特定任务的基础[104]。对于自主移动机器人组成的群机器人系统，则要求成员同时具备关于自身和邻居机器人的位置知识[57]。具体地，机器人的定位技术，是指可自主移动的机器人在运动过程中实时采集里程计和传感器的测量数据，对自身的位置状态进行估计的技术。若按机器人判断周围环境跟踪前进或根据自身的运动路线来分，可简单地将机器人定位分为绝对定位和相对定位两类，亦可分别称为全局定位和局部定位。前者是基于参照物的，包括磁性指南针、主动信标、全球定位系统、路标导航[105]、地图匹配等；后者则是基于航行推测技术的，包括测距法、惯导法[106]等。二者相比，相对定位在短距离范围内无法达到高的精度。

4.1.1　绝对定位

绝对定位以外部参考点为基准，并通过参考点来判断机器人的位置。参考点的种类颇多，如在外界环境中设定标志，或者通过某种模拟视觉能识别的自然标志，或者是机器人本身容易识别的模拟标志等，甚至有使用无线信号作为航标的。绝对定位需要具备若干条件，如环境许可部署特殊的装置设备等。典型代表是全球定位系统（Global Positioning Systems, GPS）。这里通过介绍 GPS 系统的工作原理来阐述绝对定位机制。

1）系统设置

GPS 系统由空间部分、地面监控部分和用户接收机等三部分组成。空间部分使用 24 颗高度约 2.02 万千米的卫星组成卫星星座。这些卫星均为近圆形轨道，分布在六个轨道面上，每轨道面四颗，如图 4-1（a）所示。如此分布可使全球任何地方均可同时观测到四颗以上的卫星。假设机器人安装了 GPS 信号接收机，当接收机捕获到跟踪的卫星信号后，可测量出接收天线至卫星的伪距离，解调出卫星轨道参数等数据。进而根据这些数据按定位解算方法进行定位计算，得到机器人所在地理位置的经纬度、高度、速度、时间等信息。至于地面监控部分，其任务主要是向卫星注入导航数据和控制指令。

2）定位原理

卫星不间断地发送自身的星历参数和时间信息，GPS 信号接收机接收到信号后，根据三角公式计算得到接收机的位置，三颗卫星可进行包括经度和纬度的二维定位，四颗卫星则可进行包括经度、纬度及高度的立体定位，其工作原理如图 4-1（b）所示。移动机器人配置此类接收机后，即可通过接收机不断更新接收信息，计算出移动方向、时间和速度。所用的三边定位法可用式(4-1)表示。

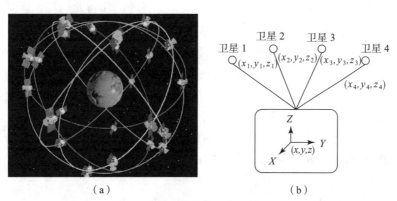

（a）　　　　　　　　　　　　　（b）

图 4-1　GPS 系统配置与工作原理

（a）卫星布局；（b）工作原理

$$
\begin{cases}
[(x_1-x)^2+(y_1-y)^2+(z_1-z)^2]^{\frac{1}{2}}+c(\mathrm{d}T_1-\mathrm{d}T_0)=d_1 \\
[(x_2-x)^2+(y_2-y)^2+(z_2-z)^2]^{\frac{1}{2}}+c(\mathrm{d}T_2-\mathrm{d}T_0)=d_2 \\
[(x_3-x)^2+(y_3-y)^2+(z_3-z)^2]^{\frac{1}{2}}+c(\mathrm{d}T_3-\mathrm{d}T_0)=d_3 \\
[(x_4-x)^2+(y_4-y)^2+(z_4-z)^2]^{\frac{1}{2}}+c(\mathrm{d}T_4-\mathrm{d}T_0)=d_4
\end{cases}
\quad (4\text{-}1)
$$

式中，待测点坐标 (x,y,z) 和 dT_0 为未知参数；$d_i=c\Delta t_i(i=1,2,3,4)$ 为卫星 i 与接收机间的距离；Δt_i 为卫星 i 的信号到达接收机所需的时间；c 为 GPS 信号的传播速度，此处为光速。(x_i,y_i,z_i) 为卫星 i 在 t 时刻的空间直角坐标，可由卫星导航电文求得。dT_i 为卫星 i 的卫星钟的钟差，由卫星星历提供。待测点坐标 (x,y,z) 和接收机钟差 dT_0 可由式（4-1）解算得到。

GPS 系统提供的定位精度约为 10 m。采用差分 GPS 技术可提高定位精度。其做法是，将一台 GPS 接收机安置在基准站上观测，根据已知的基准站精密坐标，计算出基准站到卫星的距离修正值并实时发送出去；接收机在进行 GPS 观测的同时接收该修正值，以修正定位结果。

4.1.2　相对定位

相对定位基于机器人的内部参考点，与外界环境无关，其实现相对简单。机器人可从已知位置推断出当前位置。典型地，机器人使用增量编码器监控自身轮子的转动，再用惯性系统测量速度和方向的改变，故该法亦称为航位推测法。可见，相对定位的实现，是基于机器人自身的执行机构引起的或由外力引起的运动的测量。用于测量机器人运动的技术称为计步，需用光电编码器读取的脉冲数将轮子的转动转换成相应的移动距离。相对定位的典型代表是测距法，其优点是成本较低且可以提供较高的短期精度，并允许高速采样。但其缺点亦很明显，如回溯性差，这主要源于机器人的运动是按时间进行位移增量的积分，不可避免地会造成积累误差，图 4-2 所示为某自主机器人运动的误差积累[106]。因此，基于测距的相对定位研究多是围绕如何减小积累误差展开的。不考虑硬件因素，将测距得到的数据与绝对位置测量值融合得到更为可靠的位置估计技术，如 Markov 定位、Monte Carlo 方法[107]、粒子滤波方法[108]等为常见策略。

1）定位原理

若假设机器人轮子的旋转能精确地转化为关于地面的线性位移，则相对定位法总是正确的。然而，由于轮子打滑等不可控因素的存在，轮子的转动并不总能精确地转化为线性位移，由此带来的误差可分为确定性的系统误差和不确定性的或随机的非系统误差[106]。前者是由于机器人的运动学方面的不完善引起的，如左右轮的直径不一致、轴距轻微的窜动等，这可引入适当校正方法予以消除；而后者则是由于轮子在地面上滚动时的非确定性因素造成的，难以消除。解决方法是在实验基础上建立误差传播模型，以此为基础采用适当策略尽量减小随机误差。从几何观点看，可将误差分成三种类型：

（1）距离误差。机器人运动的整个路径长度→轮子移动的总和。

（2）转动误差。与距离误差类似，只是由转动产生→轮子运动之差。

（3）漂移误差。轮子误差和差异，导致机器人角度方向的误差。

在这三种误差中，经过长的时间周期，转动和漂移误差远远大于距离误差，因为它们对整个位置误差的影响是非线性的。

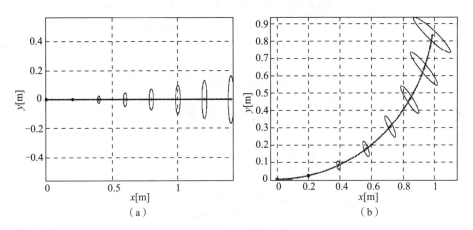

图 4-2 里程计的误差传播

（a）直线运动情形；（b）圆周运动情形

2）典型差动驱动机器人的相对定位

在里程计和航位推测中，位置更新是基于本体感受的内部传感器。具体地，可单独测量轮子转动的光电编码器或编码器与导向传感器读取的数据集成在一起计算位置。因为集成了传感器的测量误差，所以位置误差随时间累加。为此，位置必须用其他定位机制不断予以更新以消除或减小误差。否则，机器人在长时间运行中不能保持有意义的位置估计。当然，使用附加的导向传感器有助于减少累计误差，但问题的本质不变。此处以差动驱动机器人中常配置的通用里程计为例叙述，如图 4-3 所示。

一般地，机器人的姿态用向量 $\vec{P} = (x, y, \theta)^{\mathrm{T}}$ 表示。对于差动驱动的机器人而言，其位置可以从一个已知位置开始，将运动按行走距离的增量求和即进行积分予以估计。对具有固定采样间隔 Δt 的离散系统，行走距离的增量（$\Delta x, \Delta y, \Delta \theta$）可用式（4-2）估计。

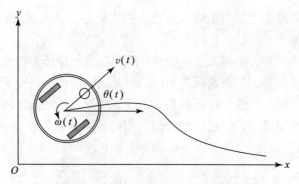

图 4-3 典型差动驱动机器人的运动

$$\begin{cases} \Delta x = \Delta s \cos\left(\theta + \dfrac{\Delta\theta}{2}\right) \\[2mm] \Delta y = \Delta s \sin\left(\theta + \dfrac{\Delta\theta}{2}\right) \\[2mm] \Delta\theta = \dfrac{\Delta s_r - \Delta s_l}{b} \\[2mm] \Delta s = \dfrac{\Delta s_r + \Delta s_l}{2} \end{cases} \tag{4-2}$$

式中，$(\Delta x, \Delta y, \Delta\theta)$ 为一次采样间隔走过的路径；Δs_r 和 Δs_l 分别为左右轮行走的距离；b 为差动驱动机器人的轮距。由此，可用式（4-3）计算更新过的位置 $\vec{P'}$。

$$\vec{P'} = \begin{bmatrix} x' \\ y' \\ \theta' \end{bmatrix} = \vec{P} + \begin{bmatrix} \Delta s \cos\left(\theta + \dfrac{\Delta\theta}{2}\right) \\[2mm] \Delta s \sin\left(\theta + \dfrac{\Delta\theta}{2}\right) \\[2mm] \Delta\theta \end{bmatrix}$$

$$= \begin{bmatrix} x \\ y \\ \theta \end{bmatrix} + \begin{bmatrix} \Delta s \cos\left(\theta + \dfrac{\Delta\theta}{2}\right) \\[2mm] \Delta s \sin\left(\theta + \dfrac{\Delta\theta}{2}\right) \\[2mm] \Delta\theta \end{bmatrix} \tag{4-3}$$

进一步地，可由式（4-4）计算得到针对典型的差动驱动机器人的里程计更新的基本方程。

$$\vec{P'} = f(x, y, \theta, \Delta s_r, \Delta s_l)$$

$$= \begin{bmatrix} x \\ y \\ \theta \end{bmatrix} + \begin{bmatrix} \dfrac{\Delta s_r + \Delta s_l}{2} \cos\left(\theta + \dfrac{\Delta s_r - \Delta s_l}{2b}\right) \\ \dfrac{\Delta s_r + \Delta s_l}{2} \sin\left(\theta + \dfrac{\Delta s_r - \Delta s_l}{2b}\right) \\ \dfrac{\Delta s_r - \Delta s_l}{b} \end{bmatrix} \qquad (4\text{-}4)$$

由于在增量运动（Δs_r，Δs_l）期间 $\vec{P}$ 的不确定性积分误差和运动误差，基于里程计积分的位置误差随时间而增加，因此里程计的位置更新只能给出关于实际位置的粗略估计。要提高定位精度，须在建立误差模型基础上运用多种方法如 Kalman 滤波或粒子滤波技术等进行估计[109]。

4.1.3　群机器人定位

个体成员的空间分布性，要求群机器人在协作执行特定任务时对社会成员同时进行定位。从个体层面上说，机器人不仅要具有完备的关于自身的位置知识，而且要求具备关于时变特征群邻居机器人的位置知识。与单体机器人的定位技术相似，群机器人定位亦可分为绝对定位和相对定位。在绝对定位情形下，群机器人的定位机理与单体机器人的定位相同，无须赘言。而在相对定位情形下，群机器人定位则体现出有别于单体机器人的特点。

1）研究现状

假设群机器人系统中的个体机器人均装备了适当类型的内部传感器（如光电编码器或陀螺仪）以及适当类型的外部测量传感器，前者用以推断自身所处的位置和姿态，后者用以检测与其他机器人之间的相对位置信息。定位多采用内部传感器检测推断值与外部传感器检测相对位置信息并加以融合的方法[48]。而所用的传感器种类则呈多元化，常见的有基于视觉、超声波、激光以及声音等协作定位的形式。采用基于 Markov 定位的概率方法[110]，与传统的单体机器人定位方法相比，可有效提高定位精度与速度；而利用机器人之间的相对观测量来估计并进行数值优化方法中，如采用最大似然估计、粒子滤波、扩展 Kalman 滤波[48,111,112]等也不同程度地提高了定位精度。不过，以内部传感器检测推断值为基础融合相对观测量的定位从本质上说是绝对定位，因为起决定作用的依然是全局位置信息，相对位置仅用来修正绝对位置误差。例如，Martinelli 等在系统初始化时首先建立虚拟的全局坐标系，各机器人根据该坐标系下的位置读数获得相应坐标值，再通过集中式的扩展 Kalman 滤波进行位置更新。该法会随着系统规模的增长不可避免地出现维数灾难问题，显然有悖群体智能的分布式原则。虽然 Roumeliotis 提出了分布式的 Kalman 滤波结构，需要分布在每个机器人上的单个计算单元处理的数据维数固定，但固有的矩阵运算复杂性严重挑战机器人有限的计算资源，掣肘系统实时性[113]。群机器人系统在不同定位机制下的运行问题，已有学者进行了研究。Pugh 等用特定类型的传感器检测目标信号，机器人在自身认知和社会经验综合引导下向潜在目标移动以完成目标的搜索定位任务。不过，他只定性给出了相对定位机制下的处理原则，而缺乏明确的数学模型支持[55]。

2）相对定位的本质

群机器人定位的本质，是估计成员机器人 $R_i(i=1,2,3,\cdots,n)$ 的位姿。要求各机器人均装备能够感知自身运动状态的内部传感器和用以检测邻居机器人的外部传感器，后者可用来检测和辨识其他机器人的运动状态进而提供相对观测量。若用 $X_i=(x_i,y_i,\theta_i)^{\mathrm{T}}$ 表示机器人 R_i 的位姿，则定位就是估计式（4-5）所示的状态向量。

$$\boldsymbol{X}=(X_1,X_2,X_3,\cdots,X_n)^{\mathrm{T}} \qquad (4\text{-}5)$$

可用扩展的 Kalman 滤波器将机器人用内部传感器和外部传感器分别读取的位姿数据加以融合。因此，用该滤波器可更新式（4-5）中的机器人状态矩阵，如式（4-6）所示，而估计得到的协方差矩阵由于形式复杂，此处略去。

$$\boldsymbol{P}=\begin{bmatrix} P_{11} & P_{12} & \cdots & P_{1n} \\ P_{21} & P_{22} & \cdots & P_{2n} \\ \vdots & \vdots & & \vdots \\ P_{n1} & P_{n2} & \cdots & P_{nn} \end{bmatrix} \qquad (4\text{-}6)$$

须注意，以上所述是群机器人定位的集中实现方法，要求配置独立于群机器人系统之外的数据融合中心。至于分布式的定位估计实现法，是将计算量切割后分配到个体机器人上配置的数据融合单元，但对于构造相对简单的个体机器人而言计算成本偏大。

4.2 相对定位机制下的群机器人系统建模

群体智能原则要求机器人仅具备有限感知和局部交互能力，故将微粒群算法加以扩展后建立群机器人系统模型后，由其作用机理分析，机器人定位是实施协调控制的前提，由于每个机器人的位置更新均依靠自身的定位系统实现，所以，建立在全局定位基础上的数学模型需进行修正。由于本章方法以绝对定位方法为基础，故先给出式（4-7）至式（4-9）所示的绝对定位机制下的扩展微粒群算法模型。

$$v_{ij}^{\exp}(t+1)=wv_{ij}(t)+c_1r_1(x_{ij}^*-x_{ij})+c_2r_2[x_{(i)j}^*-x_{ij}] \qquad (4-7)$$

$$v_{ij}(t+\Delta t)=v_{ij}(t)+\frac{1}{T}[v_{ij}^{\exp}(t+1)-v_{ij}(t)] \qquad (4-8)$$

$$v_{ij}(t+\Delta t)=x_{ij}(t)+v_{ij}(t+\Delta t)\Delta t \qquad (4-9)$$

式中，$v_{ij}(t)$ 和 $x_{ij}(t)$ 分别为机器人 R_i 在 t 时刻的第 j 维的速度与位置；$v_{ij}^{\exp}$ 为 R_i 在 $t+1$ 时刻的期望速度；w 是算法惯性系数；c_1 和 c_2 分别是认知及社会加速常数；r_1 和 r_2 为 $[0,1]$ 范围中变化的随机值。$x_{ij}^*(t)$ 是机器人 R_i 自身经历的最优位置第 j 维的坐标，而 $x_{(i)j}^*(t)$ 则是 R_i 的时变特征群中最优位置第 j 维的坐标。特别地，考虑机器人的质量惯性影响在模型中增加了一个惯性环节 $\frac{1}{T}$，其目的是为了对速度跃变加以"平滑"处理，这也反映了机器人在相邻时刻速度的适度小幅变化[102]。

4.2.1 有限检测能力与最优认知

机器人能力有限，直接体现在对环境的感知能力上。与环境尺寸相比，机器人传感器对目标信号的检测半径相对较小。这意味着当机器人与目标距离超出传感器的检测范围后将不能检测到目标信号。特别地，由于内部传感器的误差积累效应，使长距离的精确位置回溯变得不可行，即机器人无法记住较早的位置，Pugh 等称此特性为机器人的短期记忆[55]。假设机器人 R_i 仅能记住两个相邻时刻的位置 $X_i(t)$ 和 $X_i(t-1)$，因而当前时刻的最优认知 $X_i^*(t)=(x_{i1},x_{i2})$ 可按式（4-10）所示的准则确定。

$$X_i^*(t)=\begin{cases} X_i(t-1), & \mathrm{I}[X_i(t-1)]\geqslant \mathrm{I}[X_i(t)] \\ X_i(t), & 其他 \end{cases} \qquad (4-10)$$

易见，若当前时刻 t 的检测值较前一时刻的检测值大，则当前位置 $X_i(t)$ 为 R_i 的最优认知。反映在基于绝对定位的扩展微粒群算法模型中，式（4-7）等号右边的第二个进化项消失即 $x_{ij}^*-x_{ij}=0$；反之，则 $X_i(t-1)$ 为最优认知，相应的进化趋势是回溯至前一时刻的位置。若以当前时刻所处位置为原点，以机器人的头部朝向为正 X_i 轴建立个体坐标系，如图 4-4 所示，这两种情形下的最优认知 $X_i^*(t)$ 相对于当前位置 $X_i(t)$ 的夹角分别为 π 或 0。

4.2.2 局部交互与社会最优

不考虑机器人与环境的作用，机器人应仅依靠简单通信在其特征群内与其他机器人交互。通信模式直接影响智能协作行为的涌现，这里采用显式通信。前已述及，群机器人系统的邻域结构是分布在搜索空间中的圆集，邻域半径为机器人的通信距离 R。可见，若 R 与搜索空间的尺寸相比足够大，局部交互即演化为全局交互。特别地，若 $R \to \infty$，则所有群体成员将从属于系统唯一的邻域。因为机器人除了当前时刻和上一时刻的位置外无法记住其他时刻的位置，而实际的最佳认知极有可能出现在其他时刻，故社会最优宜由当前的检测值确定。机器人通过与特征群内其他机器人通信获取目标信号检测值，进而确定当前时刻检测值最大的机器人所处位置为特征群的最优位置。

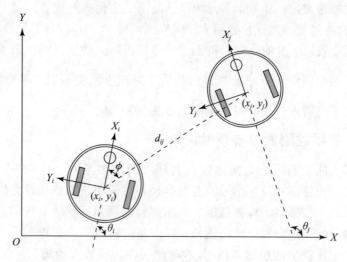

图 4-4　群机器人的相对定位

4.2.3　相对位置描述

在缺乏绝对定位机制时，机器人间的位置关系可用相对距离和相对方位等观测量描述。如图 4-4 所示，设机器人 R_i 在时刻 t 观测到机器人 R_j，二者拥有各自的个体坐标系 $X_i - Y_i$ 和 $X_j - Y_j$。机器人 R_i 通过其携带的外部传感器测量出与 R_j 的相对距离 d_{ij} 和方位 ϕ，而 θ_i 和 θ_j 分别是它们在虚拟的世界坐标系 $X - Y$ 下的初始方位角。以下用 d_{ij} 和方位 ϕ 描述式（4-7）中的各进化项。

1）个体机器人的认知

设 R_i 从前一时刻的位置 $X_i(t-1)$ 移动到当前位置 $X_i(t)$，步长为 $\rho = \| X_i(t) - X_i(t-1) \|$，该步幅可由机器人的内部感知传感器检测得到，

由于采样周期很短，可认为此过程是匀速运动，机器人方位角在此期间也保持不变。再设机器人由于非完整性约束仅能前进，这样在相对坐标系下的运动速度恒有 $V_i(t) \geqslant 0$，而个体坐标系 $X_i - Y_i$ 在世界坐标系中随机器人运动而变化，故机器人当前位置恒有 $X_i(t) = (0,0)$，机器人能够记住的前一时刻位置唯能用步长 ρ 表征。再假设机器人的转向瞬间完成。由前已知，当 $X_i(t-1)$ 和 $X_i(t)$ 分别作为最优认知 $X_i^*(t)$ 时，$X_i^*(t)$ 相对于当前位置 $X_i(t)$ 的夹角分别为 π 和 0，而 $X_i^*(t)$ 与 $X_i(t)$ 的距离满足式（4-11）所示关系。

$$\| X_i^*(t) - X_i(t) \| = \begin{cases} 0, & X_i^*(t) = X_i(t) \\ \rho, & X_i^*(t) = X_i(t-1) \end{cases} \quad (4\text{-}11)$$

由群体智能原则，个体的自身认知将产生吸引机器人运动的趋势。设其为平行于 X_i 轴垂直于 Y_i 轴的虚拟力，故对 Y_i 方向的速度变化无贡献，而对 X_i 方向的速度变化贡献可用式（4-12）和式（4-13）描述。

$$D_{cX_i} = \begin{cases} [X_i^*(t) - X_i(t)]\cos 0 = 0, & X_i^*(t) = X_i(t) \\ [X_i^*(t) - X_i(t)]\cos \pi = -\rho, & X_i^*(t) = X_i(t-1) \end{cases} \quad (4\text{-}12)$$

$$D_{cY_i} = 0, \forall X_i^*(t) = X_i(t-1) \text{ or } X_i(t) \quad (4\text{-}13)$$

2）特征群内的社会经验

设机器人 R_i 在时刻 t 的社会最优是其特征群邻居 $R_j(j \neq i)$ 所处的位置 $X_j(t)$。此时，R_i 携带的外部传感器可观测到两个机器人间的距离 d_{ij} 及 R_j 关于 R_i 的角度 ϕ。该最优位置亦对 R_i 产生虚拟吸引力，其对 X_i 和 Y_i 方向上的速度变化趋势贡献度分别如式（4-14）和式（4-15）所示。

$$D_{sX_i} = d_{ij}\cos\phi \quad (4\text{-}14)$$

$$D_{sY_i} = d_{ij}\sin\phi \quad (4\text{-}15)$$

3）位置进化惯性项

在用式（4-7）至式（4-9）表征的绝对定位机制下的群机器人系统模型中，利用相对距离和方位等相对位置观测数据可确定机器人 R_i 在时刻 t 的个体认知项和社会加速项。另外易知，当前运动速度的惯性作用可分别按 X_i 和 Y_i 方向分解为式（4-16）和式（4-17）所示的分量。

$$V_{i1}(t) = V_i(t)\cos 0 = \| V_i(t) \| \quad (4\text{-}16)$$

$$V_{i2}(t) = V_i(t)\sin 0 = 0 \quad (4\text{-}17)$$

由此可见，在相对坐标系下，机器人的当前运动速度对下一时刻的速度变化趋势贡献率恒为非负。

4）速度进化公式

暂不考虑随机因素，组合惯性、个体感知和社会最优等三个进化项，一并代入式（4-7），得到相对定位机制下的群机器人速度进化方程

$$v_{i1}^{\exp}(t+1)=\begin{cases}w\parallel V_i(t)\parallel+c_2r_2d_{ij}\cos\phi,X_i^*(t)=X_i(t)\\w\parallel V_i(t)\parallel-c_1r_1\rho+c_2r_2d_{ij}\cos\phi,\\\qquad X_i^*(t)=X_i(t-1)\end{cases}\quad(4\text{-}18)$$

$$v_{i2}^{\exp}(t+1)=c_2r_2d_{ij}\sin\phi\qquad(4\text{-}19)$$

须注意，为获取速度和位置在坐标系两个方向上的简洁表达，将 X_i 和 Y_i 维度上的标量表达式分别给出。须注意式（4-18），当机器人 R_i 在 t 时刻的检测值大于前一时刻的检测值即个体自身的最优认知为 $X_i(t)$ 时对进化不起作用，此时仅有当前速度的惯性作用；否则最优认知为 $X_i(t-1)$ 时对进化起抵消作用。给出个体坐标系 X_i-Y_i 下不同维的迭代方程，可对不同情形的系统模型表达产生直观认识。

5）位置进化公式

由于采用相对位置描述，机器人的初始位置在各自坐标系下为 $X_i(0)=(0,0)$，而随着更新进程当前位置在个体坐标系下恒为（0,0）而不发生变化，从而以绝对位置描述的式（4-9）可表述为

$$x_{ij}(t+\Delta t)=v_{ij}(t+\Delta t)\Delta t\qquad(4\text{-}20)$$

由此可知，机器人在下一时刻的期望位置直接由当前速度 $\parallel V_i(t)\parallel$、步长 ρ、与特征群社会最优位置之间的相对距离 d_{ij} 及相对方位 ϕ 决定。

6）群机器人系统模型

在相对定位机制下，以绝对定位的扩展微粒群算法模型为基础，通过比较分析得到速度惯性、个体认知和社会经验等的相对位置描述，由此确定速度进化和位置进化方程后，联立可得群机器人的系统模型。为了清晰起见，将以上迭代方程综合为

$$\begin{cases}v_{i1}^{\exp}(t+1)=\begin{cases}w\parallel V_i(t)\parallel+c_2r_2d_{ij}\cos\phi,X_i^*(t)=X_i(t)\\w\parallel V_i(t)\parallel-c_1r_1\rho+c_2r_2d_{ij}\cos\phi,\\\qquad X_i^*(t)=X_i(t-1)\end{cases}\\v_{i2}^{\exp}(t+1)=c_2r_2d_{ij}\sin\phi\\v_{ij}(t+\Delta t)=v_{ij}(t)+\dfrac{1}{T}[v_{ij}^{\exp}(t+1)-v_{ij}(t)]\\x_{ij}(t+\Delta t)=v_{ij}(t+\Delta t)\Delta t\end{cases}\qquad(4\text{-}21)$$

4.3　控制算法

以扩展的微粒群算法为工具建立群机器人的系统模型后，可再将其作为协调控制工具在相对定位机制下控制机器人的运动行为以搜索潜在目标。机器人在空间上的分布性决定了控制算法也是完全分布的。

4.3.1　假设

成员机器人在未捕获目标信号之前处于漫游状态，此时算法设计为快速螺旋发散式运动控制，不受群体智能原则指导；而检出目标信号后则以协同方式精细搜索目标。该过程涉及目标信号的感知和搜索状态变迁。同时，整个过程中机器人 R_i 的方位角 θ_i 在不断变化。据此，引入了方位角控制。

1) 目标信号检测

机器人 R_i 在 $t=0$ 时刻的最佳位置即各自的初始位置，而此时的特征群最强信号根据初始位置用形如式（4-22）所表示的目标信号检测模型产生[55]。

$$I(d_i) = \begin{cases} \dfrac{P}{d_i^2} + \eta(\ ), & d_i \leqslant r \\ 0, & \text{其他} \end{cases} \tag{4-22}$$

式中，P 为目标信号的发射能量；d_i 为目标与机器人 R_i 的距离；r 为检测半径；$\eta()$ 为高斯白噪声。相应地，检测到最强目标信号的位置即最佳位置。算法运行一个循环，要将前次迭代所得结果作为新的参数来计算新的速度，新的位置则依据新的速度产生。对每个机器人的更新都完成后，机器人的自身认知位置和特征群中的社会最优位置须重新计算。该过程执行到至少有一个机器人足够接近目标为止[29]。

2) 相对位置的检测

为便利起见，不考虑硬件细节，假设机器人仅能检测属于自身特征群的邻居机器人的相对位置。实际上，特征群的定义建立在通信邻域基础上，本质是统一了检测半径和通信半径，目的是为了专注于定位机制的研究。

3）机器人控制器设计

沿袭第 3 章的设计，将机器人控制器用一个三状态的有限状态自动机实现。就相对定位机制下的群机器人目标搜索问题而言，该自动机的状态分别设置为随机漫游搜索、目标协作搜索、声明发现目标[97]等。当机器人与特征群邻居均未捕获目标信号时，采用螺旋发散式的随机搜索；一但检测到目标信号则将状态变迁为群体智能算法指导下的协同搜索。

4）方位角控制

缩小相邻时刻的时间间隔为 Δt，利用机器人仅能记忆两个相邻时刻 t 和 $t+\Delta t$ 位置的短期记忆特性及采样间隔很短的事实，可求得机器人的瞬时速度，其中即隐含了方位信息。设 $X_i(t)=(x_{i1}, x_{i2})$ 和 $X_i(t+\Delta t)=[x_{(i+\Delta t)1}, x_{(i+\Delta t)2}]$ 分别表示机器人 R_i 在二个时刻的位置，$V_i(t)=(v_{i1}, v_{i2})$ 表示 t 时刻的瞬时速度，显然式（4-23）所示关系成立。

$$\begin{cases} v_{i1} = \lim\limits_{\Delta \to 0} \dfrac{\Delta x}{\Delta t} \\[2mm] v_{i2} = \lim\limits_{\Delta \to 0} \dfrac{\Delta y}{\Delta t} \end{cases} \tag{4-23}$$

这里，时间间隔 Δt 内机器人的位移量可定义为

$$\begin{cases} \Delta x = x_{(i+\Delta t)1} - x_{i1} \\ \Delta y = x_{(i+\Delta t)2} - x_{i2} \end{cases} \tag{4-24}$$

于是，任意时刻 t 的机器人方位角可由式（4-25）求得，机器人在搜索过程中的方位角可据此式对应的算法实施控制。

$$\theta_i = \arctan \frac{v_{i2}}{v_{i1}} \tag{4-25}$$

4.3.2   算法描述

在相对定位机制下，将微粒群算法扩展后用于群机器人的系统建模和协调控制。鉴于成员机器人的时间分布、空间分布和功能分布等特点，所设计的控制算法也需要是完全分布式的，可据图 4-5 所示算法描述的控制伪代码实例化后在每个机器人的板载处理器上运行。须注意，此处的算法描述包含了控制器的有限状态自动机实现，虽然漫游状态下的随机发散式螺旋漫游搜索并不囿于群体智能原则。

Algorithm 3 相对定位机制下的群机器人搜索

1: **Input:** 对邻居机器人的观测量
2: **Output:** 期望速度和位置
3: **initialize**
4: 　　计数器 $t \leftarrow 0$;
5: 　　位置 $i\text{Pos} \leftarrow (0,0)$;
6: 　　初速度 iV;
7: 　　初始方位角 $i\theta$;
8: 　　检测目标信号 $\text{I}(i\text{Pos})$;
9: 　　记忆自身最强感知 $i\text{MaxSig} \leftarrow \text{I}(i\text{Pos})$;
10: 　　记忆自身感知位置 $i\text{BestPos} \leftarrow i\text{Pos}$;
11: 　　记忆特征群最强信号 $i\text{SwarmMaxSig} \leftarrow \text{I}(i\text{Pos})$;
12: 　　记忆特征群最优位置 $i\text{SwarmBestPos} \leftarrow i\text{Pos}$;
13: **repeat**
14: 　　检测目标信号 $\text{I}(i\text{Pos})$;
15: 　　检测邻居的相对位置 $j\text{Pos}(\text{d}_{ij}, \varphi_{ij})$;
16: 　　监听特征群中的邻居机器人消息;
17: 　　**if** $\text{I}(i\text{Pos}) > 0$ **or** $\text{I}(j\text{Pos}) > 0$ **then**
18: 　　　　设置搜索状态 $i\text{State} = \text{SEARCH}$
19: 　　**else**
20: 　　　　设置漫游状态 $i\text{State} = \text{WANDER}$
21: 　　**end if**
22: 　　**if** $\text{I}(i\text{Pos}) > i\text{MaxSig}$ **then**
23: 　　　　$i\text{MaxSig} \leftarrow \text{I}(i\text{Pos})$;
24: 　　**end if**
25: 　　写报文 ID $+ i\text{MaxSig} + i\text{BestPos}$;
26: 　　广播;
27: 　　**if** $i\text{SwarmBestPos} < j\text{MaxSig}$ $(j \neq i)$ **then**
28: 　　　　$i\text{SwarmBestPos} \leftarrow j\text{MaxSig}$;
29: 　　**end if**
30: 　　**if** $i\text{State} = \text{WANDER}$ **then**
31: 　　　　按螺旋式漫游计算机器人移动位置并做约束处理
32: 　　**else**
33: 　　　　按式 (4-21) 计算期望速度和位置并做约束处理
34: 　　**end if**
35: 　　机器人移动一步;
36: 　　$t \leftarrow t + 1$;
37: **until** 发现目标或设置时间到

图 4-5　相对定位机制下的群机器人目标搜索控制算法

4.4　仿真

根据相对定位描述的扩展微粒群算法模型，可以设计群机器人的分布式协调控制算法。

4.4.1　参数设置

机器人的初始位置、速度及方位角均在初始化时随机产生，但限定在专门设置机器人的出发区域，最大运动速度限制在一定范围，具体的参数设置见表 4-1，由此确定机器人间的相对位置关系。

表 4-1　仿真参数设置

符号	含义	取值	符号	含义	取值
$L \times L$	搜索空间	150×150	v_{max}	最大速度	2
R	通信半径	50	R_1	扇形半径	65
r	检测半径	50	P	目标信号能量	1 000
L_{OC}	目标位置	$(130, 130)$	Δt	采样周期	400
N	系统规模	3,5,8,10,16	$\dfrac{1}{T}$	惯性环节	$\dfrac{1}{600}$
ϕ	相对方位角	$\left(0, \dfrac{\pi}{2}\right)$			

4.4.2　结果与讨论

不同条件下的每组仿真各重复进行 10 次，图 4-6 所示为一次典型的群机器人（8-rob）搜索轨迹。可以发现，在搜索过程初期，由于机器人的出发区域远离目标，超出了传感器的检测半径，机器人无法捕捉目标信号，此时处于发散式螺旋漫游状态，进行随机搜索。当某个机器人进入传感器的感应区域后检测到目标信号，发生状态迁移，开始群体智能算法控制下的协同搜索。为了与绝对定位机制下的搜索效率比较，在同样的参数条件下，引用第 3 章的仿真结果，结果如图 4-7 所示。可以发现，同样规模的群机器人在相对定位机制下的搜索效率较绝对定位机制下的搜索效率低。这或许是对机器人的运动能力如转向角控制等约束后，位置迭代不能瞬间完成，而绝对定位机制下采用的控制策略则是位置坐标的直接迭代，不受方位角控制影响的缘故。

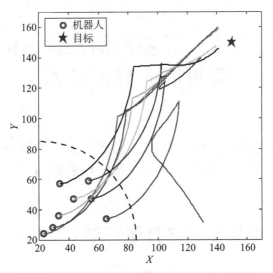

图 4-6　相对定位机制下群机器人典型目标搜索轨迹

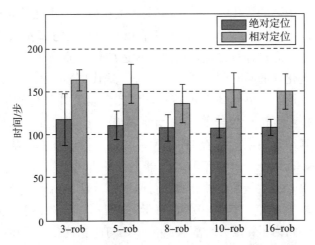

图 4-7　两种定位机制下群机器人目标搜索效率比较

4.5　总结

基于扩展微粒群算法模型的群机器人协调控制，重要条件之一是位置评估。相对定位机制下，同样规模的群机器人搜索效率较绝对定位机制低。故在条件允许时，定位系统部署应采用绝对定位机制。

第 5 章 异步通信条件下的
群机器人目标搜索

以微粒群算法和群机器人目标搜索之间的映射关系为基础，考虑并行微粒群算法的异步实现和机器人控制系统的物理实现，研究群机器人协调控制中的异步通信策略。

5.1 微粒群算法串并行研究述评

微粒群算法是基于群体、与梯度无关的全局随机搜索算法，开发之初常用于非线性函数的优化[95,114]。传统上，微粒群算法多在单处理器计算环境下以串行同步的模式实现[115]，即所有微粒以串行方式按次序发送到单处理器平台上，通过计算被优化函数得到适应值，而微粒速度及位置的进化则在每个进化代的某时刻以同步方式统一迭代更新。但是，微粒群算法的生物学背景揭示其并行本质的特点，由此激发了并行化研究。一般地，并行算法多按粒度进行划分[116]。王元元提出带控制器并行结构模型的微粒群算法，其通信周期影响着加速比[117]。黄芳提出基于岛屿模型的并行微粒群算法，将多个子群在不同处理器上演化并适时交换信息[118]。赵勇引入移民思想，提出基于多种群的并行微粒群算法。所有子群迭代若干次后集中对微粒适应值归约取极值，将最好微粒作为移民引入各子群[119]。这些算法均可归为粗粒度并行算法的范畴。与此相比，细粒度并行具有维持群体多样性、抑制早熟和保持最大并行性等优势。一些学者据此提出了细粒度并行策略，如 Schutte 等提出在多处理器 PC 上的微粒群算法并行实现法[115]。另外，为克服细粒度微粒群算法因规模膨胀产生的通信瓶颈[120]，Chang 据微粒群算法参数间的相关程度，提出三种通信策略[121]。上述并行微粒群算法均为同步运行模式。而异步模式微粒群算法也被加以研究，如 Koh 提出的异步并行微粒群算法可提高异构环境下的运行效率[122]。罗建宏的并行异步微粒群算法研究，使进化微粒表现出独立性，种群表现出异步性[123,124]。Venter 针对异构并行环境及适应值评估的时长差异，通过引入异步处理模式使加速比得以提高[125]。

作为特殊的多机器人系统，群机器人的控制也不可避免地涉及并行异步问题[126]。而作为一种抽象层次上的新颖工具，微粒群算法扩展后可作为系统建模和协调控制工具，用于群机器人在未知环境中目标搜索的群体行为控制[55,127,128]。无疑，这些工作都考虑了个体层面上的并行化控制问题。另外，考虑到机器人配置不同种类传感器的采用周期差异及通信延迟，使得机器人的异步控制更为现实。因此，将受自然启发的群体智能算法移植到群机器人这样的并行、异步和分布式运算环境中更具意义[129]。在类微粒群算法的搜索控制中，使用机器人配置的传感器对多源目标信号的检测、并用运行着信号融合算法的信号处理模块加以融合等同于微粒群算法中的适应值评估。而未来时刻的期望进化位置则由群体智能控制算法确定。在向该位置移动过程中，机器人的运动受运动学及动力学特性约束。与微粒群算法类似，移动机器人在搜索环境中的空间分布性决定其协调控制算法亦应是本质并行的，同时，机器人传感器的采样频率差异及通信迟延，使搜索过程中针对机器人的异步控制较同步控制更为切合实际，故提出群机器人搜索的信号并行检测融合、异步通信交互获得共享信息并迭代更新的协调控制问题。

5.2　微粒群算法特性分析

微粒群算法在开发之初被用于非线性函数的优化，后逐渐拓展了应用范围，其核心思想是微粒的速度和位置[95]。算法通过模拟群居生物如鸟类在空间的飞行发现潜在的问题解。它以适应值为指标，通过逐步调节模仿鸟类个体的微粒在解空间的飞行速度和位置而最终求得非线性函数的最优值。微粒群算法具有若干人们所期望的运行特性，其中之一是并行性，这与算法的生物学背景是吻合的。了解这些抽象特性的本质之后，可以结合机器人的物理特性以及群机器人系统的特点，移植到群机器人控制领域。

5.2.1　算法概要

微粒群算法模拟了鸟类飞行的社会行为。每个微粒被赋予运动能力，并将其在搜索空间中所处的位置坐标作为问题的潜在解，通过比较各点对应的适应值确定位置优劣，据此发现微粒自身的最优认知以及群体经历的最优位置。以此为基础，根据自身的惯性和认知以及群体经验调节运动行为。基本的微粒群算法可用形如式（5-1）的进化方程描述微粒的速度和位置调节过程，这里使用矢量形式。

$$\begin{cases} \boldsymbol{v}_{k+1}^i = \boldsymbol{w}_k \boldsymbol{v}_k^i + \boldsymbol{c}_1 \boldsymbol{r}_1 (\boldsymbol{p}_k^i - \boldsymbol{x}_k^i) + \boldsymbol{c}_2 \boldsymbol{r}_2 (\boldsymbol{p}_k^g - \boldsymbol{x}_k^i) \\ \boldsymbol{x}_{k+1}^i = \boldsymbol{x}_k^i + \boldsymbol{v}_{k+1}^i \end{cases} \qquad (5\text{-}1)$$

式中，$\boldsymbol{x}_k^i$ 和 $\boldsymbol{v}_k^i$ 分别为当前时刻 kt 微粒 i 在搜索空间中的位置向量和相应的速度向量，二者具有相同的维度，下标 k 是时间增量 kt 的简写；$\boldsymbol{p}_k^i$ 是微粒 i 在时刻 k 之前所发现的最好位置，表示自身的认知经验；而 $\boldsymbol{p}_k^g$ 是时刻 k 前发现的群体中的最好位置，表示微粒通过互相交互学习获得的社会经验。微粒的惯性、个体经验和群体经验综合决定微粒的进化行为，这种趋势引导着微粒的运动；变量 $\boldsymbol{w}_k$ 是惯性因子向量，随搜索区域的减小而动态降低以保证能够进行精细搜索；$\boldsymbol{r}_1$ 和 $\boldsymbol{r}_2$ 为 [0,1] 范围中变化的随机值向量；$\boldsymbol{c}_1$ 和 $\boldsymbol{c}_2$ 分别表示认知和社会加速的常数向量。

5.2.2 算法特性

从适应值评估的串并行实现、微粒之间的交互及微粒的速度位置进化所采用的同步异步实现方式等方面描述不同版本微粒群算法的特性，并根据微粒适应值评估的计算平台及算法特点和实施迭代更新的时域特点将不同版本的微粒群算法分为以下四种模式。

1）模式Ⅰ：串行评估＋同步更新

传统上，基本微粒群算法是以串行同步方式在单处理器平台上实现的，其实现流程可用伪码描述，如图 5-1[122] 所示。由于计算环境中仅有一个处理器，所有微粒被顺次发送到计算平台上进行适应值计算。通过适应值比较确定个体的历史认知和群体的最优位置后，在每次进化迭代结束时用形如式（5-1）的进化方程同步更新微粒的速度和位置。显然，个体与群体最优位置的确定和更新均遵循同样的方式。从实施微粒适应值评估的空间看，均是在同一个单处理器计算平台下实施的，而从微粒速度和位置更新的时间上看则是同时进行的。

2）模式Ⅱ：串行评估＋异步更新

与微粒群算法的串行同步模式相比，串行评估异步更新模式则保留了串行评估适应值的特点而将微粒速度和位置的更新方式改用异步方式实现。在算法执行过程中，所有微粒的适应值仍然是按顺序依次发送到计算平台上并通过计算代价函数获得的，并作为确定个体认知和群体最优的依据。微粒自身的最优值确定后，结合群体经验和个体惯性进化更新。在进行异步更新时，一旦某个微粒的适应值评估完成便即时进行收敛性判断并更新自身的速度与位置、评估的适应值和群体最优位置，其伪码描述如图 5-2[141]所示。显然，从每个微粒实施更新行为的时间点上看，这些行为是异步发生的。而从适应值评估和速度位置更新的实施空间上看，均是在同一个仅具有唯一处理器的计算环境中进行的。

Algorithm 4 "串行评估 + 同步更新"微粒群算法

1: 算法初始化
2:　　　参数初始化
3:　　　微粒速度、位置初始化
4: 算法执行
5:　　　for $k = 1$, 迭代数
6:　　　　　for $i = 1$, 微粒数
7:　　　　　　　适应值评估 $f(\mathbf{x}_k^i)$
8:　　　　　end
9:　　　收敛性判断
10:　　　更新 $\mathbf{p}_k^i, \mathbf{p}_k^g, \mathbf{v}_{k+1}^i, \mathbf{x}_{k+1}^i$
11:　　end
12: 输出结果

图 5-1　微粒群算法的"串行评估＋同步更新"模式

Algorithm 5 "串行评估 + 异步更新"微粒群算法

1: 算法初始化
2:　　　参数初始化
3:　　　微粒速度、位置初始化
4: 算法执行
5:　　　for $k = 1$, 迭代数
6:　　　　　for $i = 1$, 微粒数
7:　　　　　　　适应值评估 $f(\mathbf{x}_k^i)$
8:　　　　　　　收敛性判断
9:　　　　　　　更新 $\mathbf{p}_k^i, \mathbf{p}_k^g, \mathbf{v}_{k+1}^i, \mathbf{x}_{k+1}^i$
10:　　　　　end
11:　　end
12: 输出结果

图 5-2　微粒群算法的"串行评估＋异步更新"模式

3）模式Ⅲ：并行评估＋同步更新

适应值的串行评估是将所有微粒发送到单处理器平台上计算，若增加计算平台上的处理器数目并将微粒按某种规则分配到不同处理器上进行适应值评估，则可实现并行化处理，这样可以提高执行效率。显然，并行是在一次进化中同时评估微粒的适应值而未改变算法逻辑[125]，为了清晰显

示算法的内部逻辑关系，不妨借助图 5-3 加以说明[122]。须注意，该图所示为细粒度并行的情形，即同时将每个微粒分别发送到一个处理器进行计算。当然，也可以将整个群体分为若干子群，每个子群发送到一个处理器上按串行方式进行评估，但就处理器而言，各个子群之间的并行处理关系并未改变。适应值计算完成后，按更新方式不同又分为微粒速度位置的同步更新和异步更新。前者是指所有微粒在进化中均被发送到并行计算环境，待取得所有适应值并同时更新后才转入下次迭代[115]。这种模式下，并行性能可能受计算环境的负载不均衡影响，影响因素包括异构环境中节点的运算速度差异、适应值评估时长及微粒数目为处理器数目的非整数倍而不能平均分配负荷等。

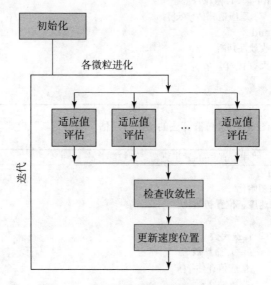

图 5-3　并行微粒群算法的同步实现

（4）模式Ⅳ：并行评估＋异步更新

仍以细粒度并行为例阐述。同时将每个微粒分别发送到一个处理器上计算适应值，而不设置同步更新时刻。这样，并行评估适应值的微粒群算法采用异步进化方式可提高算法效率[125]。其思路是在所有微粒的当前迭代完成前就开始计算先行完成进化的微粒下次迭代所需的适应值，处理流程如图 5-4 所示。这种模式的优点是在转入下次迭代前消除了部分已得到适应值却被迫等待尚未得到适应值的微粒一起进行同步更新的等待时间。

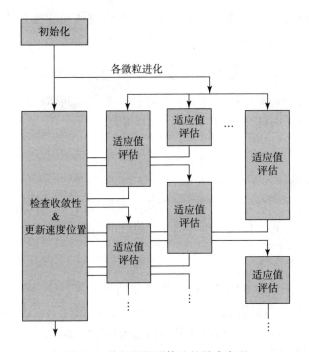

图 5-4　并行微粒群算法的异步实现

5.2.3　时间经济性与算法效率分析

用微粒进化的时间经济性及执行效率比较分析采用不同进化模式的微粒群算法的特性。这里，从考虑一代进化的时间开销及该时间内算法执行的任务入手。设微粒进化由适应值评估、等待更新及更新构成，所需时间分别为 t、t_{eval}、t_{wait} 和 t_{upd}。一般算法设计为更新瞬时完成即 $t_{\text{upd}} \approx 0$，于是一代进化时间可用式（5-2）表示。

$$t_i = t_{i\_\text{eval}} + t_{i\_\text{wait}}, \quad (i = 1, 2, \cdots, N) \tag{5-2}$$

再设一代进化中评估耗时最长的微粒为 k，且所有微粒的同步以 t_{k_eval} 为准，从而该微粒的等待同步时间为 $t_{k\_\text{wait}} = 0$ 但在耗时最长的微粒之前完成适应值评估的微粒所需的等待时间为 $t_{j\_\text{eval}} > 0 (j \neq k)$，于是将所有微粒中适应值评估的最长耗时记为 t_k，该定义用式（5-3）表示。下面比较分析不同进化模式下的一代进化时间。

$$t_{k\_\text{eval}} \overset{\text{def}}{=\joinrel=} \max t_{i\_\text{eval}} = t_k, \quad (i, k = 1, 2, \cdots, N) \tag{5-3}$$

1）采用模式 I 所需进化时间

该模式的适应值评估采用串行方式，而微粒认知和社会共享信息的更新则采用同步方式。从而，易写出一代进化所需时间为

$$t_{ss} = \sum_{i=1}^{N} t_{i\_eval} = \sum_{i=1}^{k-1} t_{i\_eval} + \sum_{i=k+1}^{N} t_{i\_eval} + t_k \qquad (5\text{-}4)$$

算法执行的任务包括本代适应值评估和更新，而微粒从评估完成到被更新的平均等待时间可由式（5-5）计算得到。

$$t_{ss\_wait} = \frac{1}{N} \sum_{i=1}^{N} \sum_{j=i+1}^{N} t_{j\_eval} \qquad (5\text{-}5)$$

2）采用模式Ⅱ所需进化时间

该模式的适应值评估采用串行方式，而微粒认知和社会共享信息的更新则采用异步方式。据此，可写出一代进化所需时间为

$$t_{sa} = \sum_{i=1}^{N} t_{i\_eval} \qquad (5\text{-}6)$$

算法执行任务为本代进化的适应值评估和更新，且消除了模式Ⅰ的等待时间，但单处理器不可能在本代进化过程中再执行下代进化所需的适应值评估任务。不过，异步机制使共享信息更新速度加快。

3）采用模式Ⅲ所需进化时间

该模式的适应值评估采用并行方式，而微粒认知和社会共享信息的更新则采用同步方式。于是，一代进化所需时间为

$$t_{ps} = t_k < t_{ss} \qquad (5\text{-}7)$$

算法执行的任务为适应值评估和更新。其中，除适应值评估耗时最长的微粒 k 之外的其他 $N-1$ 个微粒需等待更新，平均等待时间可用式（5-8）计算得到。

$$t_{ps\_wait} = \sum_{i=1}^{k-1} (t_k - t_{i\_eval}) + \frac{1}{N} \sum_{i=k+1}^{N} (t_k - t_{i\_eval})$$

$$= t_k - \frac{1}{N} \sum_{i=1}^{N} t_{i\_eval} = \frac{1}{N} t_k - t_{ss} \qquad (5\text{-}8)$$

4）采用模式Ⅳ所需进化时间

该模式的适应值评估采用并行方式，而微粒认知和社会共享信息的更新则采用异步方式。显然，可以写出一代进化所需为

$$t_{pa} = t_k < t_{sa} \qquad (5\text{-}9)$$

算法执行本代适应值评估和更新，且消除了模式Ⅲ中的等待时间。在适应值评估耗时最长的微粒 k 之前完成评估更新的 $N-1$ 个微粒在 t_k 之前也完成了部分下代进化所需的适应值评估任务。表 5-1 所示为具有最优计

算性能的各版本微粒群算法比较。分析显示，并行评估对应的二种进化模式耗时较短。而采用异步更新进化的模式在同样时间内完成的任务更多，故模式Ⅳ具有最为理想的时间经济性和执行效率。注意，模式Ⅳ执行任务中的评估 2 即表示下代进化所需的适应值评估任务的一部分。

表 5-1　不同进化模式微粒群算法性能比较

模式	一代进化时间	执行任务
Ⅰ	$\sum_{i=1}^{N} t_{i\_eval} > t_k$	$N \times$（评估＋更新）
Ⅱ	$\sum_{i=1}^{N} t_{i\_eval} > t_k$	$N \times$（评估＋更新）
Ⅲ	t_k	$N \times$（评估＋更新）
Ⅳ	t_k	$N \times$（评估＋更新）＋$\alpha \times (N-1) \times$评估 2，（$0<\alpha<1$）

5.3　群机器人的并行异步控制

用来进行目标搜索定位的群机器人系统由移动机器人组成。不失一般性，假设机器人为轮式移动机器人，搜索环境为非结构化的二维平面。机器人的空间分布性、传感器的采样频率与通信延迟差异，使异步并行控制更为切合实际，有必要将并行异步特性移植到群机器人目标搜索的控制任务中，但机器人实际特性的约束要求对扩展微粒群算法模型进行修正。

5.3.1　系统建模

机器人的反应式控制结构使环境建模非必须，此处仅考虑群机器人本身的建模。据群机器人目标搜索任务与微粒群算法之间的映射关系，可得形如式（5-10）的群机器人系统模型[130]。

$$\begin{cases} \boldsymbol{v}_{k+1}^i = w_k \boldsymbol{v}_k^i + c_1 r_1 (\boldsymbol{p}_k^i - \boldsymbol{x}_k^i) + c_2 r_2 (\boldsymbol{p}_k^g - \boldsymbol{x}_k^i) \\ \boldsymbol{x}_{k+1}^i = \boldsymbol{x}_k^i + \boldsymbol{v}_{k+1}^i \end{cases} \tag{5-10}$$

式中，$\boldsymbol{v}_{k+1}^i$ 和 $\boldsymbol{x}_{k+1}^i$ 分别是机器人 R_i 在 $k+1$ 时刻的期望速度和进化位置向量；但不同于微粒群算法中的进化更新，群机器人须在若干个时间步 $n \times \Delta k$ 由 $\boldsymbol{x}_k^i$ 运动到 $\boldsymbol{x}_{k+1}^i$，且其运动受机器人运动学特性约束。此特性可简化为式（5-11）所包含的一阶惯性环节。

$$v_{k+\Delta k}^i = v_k^i + \frac{1}{T}(v_{k+1}^i - v_k^i) \tag{5-11}$$

式中，$\frac{1}{T}$为算法意义上的步长缩减因子，是针对机器人运动学特性而增加的一阶惯性环节，可使机器人"平滑"运动。实际控制中，运动速度受机器人运动能力的限制

$$v_{k+\Delta k}^i = \begin{cases} v_{max}, & v_{k+\Delta k}^i > v_{max} \\ 0, & v_{k+\Delta k}^i < 0 \\ v_{k+\Delta k}^i, & 0 < v_{k+\Delta k}^i \leqslant v_{max} \end{cases} \tag{5-12}$$

机器人按式（5-12）求取的速度在每个时间步内向期望进化位置移动一段距离到达新的位置，该位置可用式（5-13）计算得到。

$$x_{k+\Delta k}^i = x_k^i + \Delta k v_{k+\Delta k}^i \tag{5-13}$$

至此，可将本节所述诸式组成用于目标搜索与定位协调控制的群机器人系统模型。

5.3.2　群机器人异步并行控制特点

由于机器人的机载处理器具有空间分布性，因此群机器人的协调控制宜采用细粒度并行方式。机器人用外部传感器和板上信号融合单元各自独立地并发检测融合目标信号[149]，作为适应值通过适时交互比较确定个体和群体的最优位置。机器人可能存在采样周期差异和通信迟延，如果对群机器人施加同步控制，部分机器人将处于等待同步更新状态，这是因为，同步更新要以信号检测融合耗时最长的机器人为准[115]。这可从图5-5所示的某特征群中4个机器人的处理器行为时序图中一窥端倪[131]。其中的横

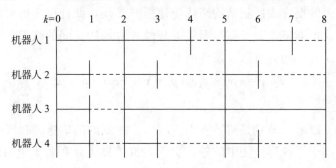

图 5-5　完成信号检测融合的机器人等待同步情形示意时序图

向细实线为信号检测融合的处理时间，横向虚线为等待处理时间，假设分别在时刻 $k=2$，5，8 时进行速度和位置的同步更新。若希望消除等待时间，则需要引入异步更新机制。根据微粒群算法与群机器人搜索问题之间的映射关系，可知群机器人目标搜索实施异步控制的特点。

如上所述，微粒的速度向量更新乃微粒群算法的关键所在。欲以异步方式对速度进行更新，应该在单个微粒计算确定自身的速度和认知后直接进行。而对于群体而言，控制算法异步实现的关键是将个体更新行为和群体更新行为区别开来。这些更新行为包括个体信息更新和群体行为更新。类似地，对于异步微粒群算法来说，更新行为始于适应值评估完成之后，而共享信息的更新则是在每次迭代最后发生的[125]。对于群机器人目标搜索情形，目标信号的检测与融合仅是在各自的板载处理器上完成的，并不存在数据处理中心。机器人的处理器是完全独立地并发运行的。在每个采样周期，个体机器人只要完成目标信号的检测和融合，并与存储器中存储的特征群最优信息进行比较就能确定最优位置即时更新自身的速度、位置和认知[119]。但是，特征群共享信息的更新应按异步策略来进行。在描述异步策略及相应的控制算法之前，首先提出若干通信策略以助理解。

1）实际速度和期望速度

对微粒群算法而言，速度向量是其核心。欲使微粒的速度更新以异步模式进行，须在完成其适应值评估后直接更新位置并记忆历史最优信息。群体最好位置可用迄今发现的最优位置充任，但须将其保持到下次迭代。而群机器人异步控制的关键，是将机器人个体更新行为与群体更新行为分开且须受机器人运动学特性的约束。这些迭代更新行为包括机器人期望速度和位置的更新、个体最优与共享信息的更新等。

2）个体和共享信息更新

对于异步微粒群算法，个体信息在适应值评估之后即刻更新，而共享信息的更新行为发生在每次迭代过程的最后时刻[125]。但对于异步模式下的群机器人目标搜索而言，机器人对目标信号的检测融合仅依靠自身的机载处理器并发独立地完成，该融合信号即时与自身及特征群的最优值比较，并即刻更新关于自身信息的记忆，但对于特征群内的通信和共享信息的更新则须体现机器人的实际特性。这便是下节阐述的异步通信和逐次更新控制策略力图解决的问题。

5.3.3 基于进化位置的异步通信策略

异步和同步的区别主要表现为特征群共享信息的更新方式[119]。不同于微粒群算法中的微粒，机器人的运动受其运动学特性的约束。同样是由某进化位置向下一个进化位置运动，微粒经过一次迭代更新便可完成；对机器人而言，进化位置仅是理想的，须通过控制平动线速度和转动角速度构成的控制向量来间接控制机器人的运动，经过若干个时间步后才能到达期望位置[55]。就控制算法而言，相当于将一代进化分为多次运动实现。因此，在设计机器人的通信和共享信息更新策略时须考虑这些因素。

按照这种控制原则，在已确定的前一个进化位置未到达之前，当前迭代中共享信息也不予更新。换言之，机器人仅在到达期望的进化位置之后才进行通信，而不管其迭代历史以及对下次迭代的要求。这样，机器人并非在每个时间步均通信，这样做的益处是，可以使机器人的运动连续进行、节省能量并降低通信耗时。

1）监听

所有的个体机器人均在每个时间步检测目标信号、更新自身认知。也就是说，机器人试图发现一个较记忆中的特征群最优位置更佳的位置。同时，机器人监听特征群中共享信息的变化。只要获悉共享信息被某邻居机器人予以更新，便开始计算自身的下一个期望进化位置以实施新一轮的控制。这样，将通信分为监听和广播以后，可明晰机器人之间的交互行为。

2）广播

在确定当前的期望位置之后，每个机器人朝着自身的目的位置移动。该过程可能耗时若干个时间步，这是由自身的运动学特性决定的，因为在一个时间步内机器人可能仅能移动一段有限的距离。但是，个体机器人却会即时计算新的期望进化位置、更新共享信息并在特征群中予以广播。监听到共享信息发生变化的邻居机器人将即时计算各自新的期望进化位置并向新的目的点运动。

3）到达期望位置前未发现新的最优位置

此情形要求机器人在到达进化位置时通信并更新共享信息而不考虑两个相邻进化位置间运动所需的时间步。即在确定进化位置后，机器人向该点运动，每个时间步都比较当前信号与特征群最优位置的信号强度，到达期望位置之前不进行通信，亦不更新共享信息。这样，可保持运动的连续性、减少通信时间并节省能量消耗。

4）到达期望位置前发现新的最优位置

要求在向期望位置运动过程中的每个时间步，机器人都实时比较当前信号与特征群最优位置的信号强度，若当前信号强则更新共享信息并将其广播出去，完成实时通信。若一直未发现更强信号，则须到达期望进化位置后再行通信，并计算新的期望速度和位置，直到满足搜索终止条件。但须注意，这里的通信是指主动广播而言的，在向期望进化位置运动过程中，机器人应时刻监听特征群中邻居广播的共享信息更新情况。

以上所述情形可以用图 5-6 表示。其中，以当前时刻的位置为参考点，位置 1 表示较早的期望位置，位置 2 表示前一个期望进化位置，位置 3 和位置 4 则分别为当前的和下一个期望进化位置，由于监听到邻居机器人更新了共享信息而重新计算新的进化位置。

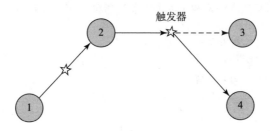

图 5-6　机器人的连续期望进化位置

5.3.4　算法描述

基于以上阐述的异步通信策略，可以设计用于目标搜索定位的群机器人协调控制的并行异步控制算法。考虑群机器人系统的时间分布、空间分布和功能分布特点，算法设计为完全分布式的，可在每个机器人上独立并发地运行。不失一般性，可得任意成员机器人 R_i 上执行的行为决策控制算法，如图 5-7 所示。

5.4　仿真

仿真基于多线程技术。主线程初始化机器人及共享信息对象后，将每个机器人派生为独立线程对象，并持有对同一个共享对象的引用[123]。并行搜索时，机器人各自独立检测目标信号并将其作为适应值[130]，若其优于特征群最好点的适应值，则即时调整该机器人的速度和位置，根据不同

Algorithm 6 并行异步群机器人搜索算法

1: **initialize**
2:      $k \leftarrow 0$; //时间步长计数器
3:      初始化算法参数;
4:      初始化速度 $\mathbf{v}_k^i$ 及位置 $\mathbf{x}_k^i$;
5:      初始化目标位置;
6:      初始化自身认知
7:          检测目标信号强度 I_k^i;
8:          $(I_{\max}^i, \mathbf{p}_k^i) \leftarrow (I_k^i, \mathbf{x}_k^i)$; //记忆
9:      初始化特征群的共享信息
10:          $(I_{\max}^g, \mathbf{p}_k^g) \leftarrow (I_k^i, \mathbf{x}_k^i)$; //记忆
11: **while(1)**
12:      $k \leftarrow k+1$;
13:      特征群内交互
14:          计算通信邻域, 确定 R_i 的特征群邻居 R_j 及其数量 M;
15:          **for** $j = 1; j < M; j{+}{+}$
16:              检测 I_k^j 以确定 $I_{\max}^g \leftarrow \max(I_k^i, I_k^j)$;
17:              $\mathbf{p}_k^g \leftarrow \mathbf{x}_k^m, \underset{m}{\arg\max}\{I(\mathbf{x}_k^m), m \in (i,j)\}$;
18:          计算期望速度和位置
19:              $\mathbf{v}_{k+1}^i \leftarrow \mathbf{w}_k \mathbf{v}_k^i + \mathbf{c}_1 \mathbf{r}_1(\mathbf{p}_k^i - \mathbf{x}_k^i) + \mathbf{c}_2 \mathbf{r}_2(\mathbf{p}_k^g - \mathbf{x}_k^i)$;
20:              $\mathbf{x}_{k+1}^i \leftarrow \mathbf{x}_k^i + \mathbf{v}_{k+1}^i$;
21:              $\mathbf{w}_k \leftarrow \mathbf{c}_3 \mathbf{w}_k$; //$0 < c_3 < 1$ 以精细搜索
22:              计算 $\rho_{\exp} = \|\mathbf{x}_k^i - \mathbf{x}_{k+1}^i\|$;
23:          计算实际速度并做约束处理
24:              $\mathbf{v}_{k+\Delta k}^i \leftarrow \mathbf{v}_k^i + \frac{1}{T}(\mathbf{v}_{k+1}^i - \mathbf{v}_k^i)$;
25:          $n \leftarrow 0$; //时间步长计数器
26:          **do**
27:              $n \leftarrow n+1$;
28:              $\mathbf{x}_{k+n \times \Delta k}^i \leftarrow \mathbf{x}_k^i + n \times \Delta k \mathbf{v}_{k+\Delta k}^i$;
29:              计算 $\rho_{\text{now}} = \|\mathbf{x}_{k+n \times \Delta k}^i - \mathbf{x}_{k+1}^i\|$;
30:              检测信号强度 $I_{k+n \times \Delta k}^i$;
31:              **if** $I_{k+n \times \Delta k}^i > I_{\max}^g$ **then**
32:                  $I_{\max}^i \leftarrow I_{k+n \times \Delta k}^i; \mathbf{x}_{k+1}^i \leftarrow \mathbf{x}_{k+n \times \Delta k}^i$;
33:                  $I_{\max}^g \leftarrow I_{k+n \times \Delta k}^i; \mathbf{x}_{k+1}^g \leftarrow \mathbf{x}_{k+n \times \Delta k}^i$;
34:                  **break**;
35:          **while** $\rho_{\text{now}} > 0.1 \times \rho_{\exp}$; //接近期望位置
36:      **if** 搜索完成 **break**;
37: **end**

图 5-7   并行异步群机器人目标搜索协调控制

控制原则适时更新共享信息；若其比特征群最好点的适应值差，则只更新该机器人的速度和位置。主线程负责迭代计数和终止条件判断。因涉及多个机器人对同一个共享信息的更新操作，须考虑线程间共享资源的同步访问问题[123]。针对每种异步通信策略的仿真实验各重复进行 50 次，然后进行数据统计，并进行比较分析。

5.4.1　参数设置

分别就基于通信周期更新原则和进化位置更新原则的异步并行控制算法进行仿真。表 5-2 所示为采用不同控制算法的共用的参数设置，未述及参数取值参见第 3 章和第 4 章。测试在相同条件下各重复运行 50 次，然后统计搜索成功率和搜索效率。其中，搜索成功率定义为未超过最大进化代数前提下最优位置机器人与目标距离进入机器人视觉传感器作用范围[132]的次数与总搜索次数的比率；搜索效率定义为实现一次成功搜索机器人所需的平均进化代数。搜索成功率间接考察控制算法的收敛性，而搜索效率考察搜索速度。

表 5-2　仿真参数设置

符号	含义	取值
$L \times L$	搜索空间	150×150
R	通信半径	50
r	检测半径	50
v_{max}	最大速度	2
N	系统规模	9

5.4.2　基于固定通信周期原则的异步通信策略

对于该异步通信模式而言，通信周期被定义为进化迭代数。类似于粗粒度并行微粒群算法，可令机器人 R_i 每隔 n 个时间步交互一次，以确定特征群内的最优位置[117-119]，而不考虑群内共享信息是何时更新的。为改善系统运行效率，可将通信周期设置为多个时间步。不妨令通信周期为 T 而时间步为 t，则可设置 $T = nt(n = 1, 2, \cdots)$。当然，不同机器人可以设置各自不同的通信周期。另外，特征群内的最强信号和最优位置应在下次迭代开始之前记住。

5.4.3　基于绝对进化位置原则的异步通信策略

按照该原则，机器人到达当前的期望进化位置之前，共享信息不予更新，而不论在向该位置移动过程中是否监听到邻居机器人发现更好的位置。换言之，机器人在到达期望进化位置之前对目标信号读数是不予关注的。从某种意义上说，这种异步通信策略可称之为基于静态的期望进化位置的策略，而节 5.4.2 所提策略则是基于动态的期望进化位置的。尽管每个机器人不可能在同一个时间步到达各自的期望进化位置，但是它们可以进行同步通信。这种策略可能在向当前的期望进化位置移动过程中错失更优位置。

5.4.4　结果与讨论

表 5-3 所示为基于进化位置原则进行异步更新的并行搜索实验结果。数据显示，算法的搜索成功率接近 100%，但搜索效率随不同的参数设置变化。

表 5-3　嵌入绝对进化位置原则的异步通信策略群机器人搜索结果

通信周期	搜索成功率	完成搜索任务所需代数
1	100	193.58
3	100	206.12
5	100	204.42
10	100	182.92
20	98	188.24
30	100	194.00
40	100	184.76

对表 5-3 数据进行拟合后可以得到搜索效率与通信周期的关系，如图 5-8 所示。由图 5-8 可见，机器人的通信周期较小时，通信次数较多，耗费的通信时间也较长，期间的速度调整较为频繁，所需的平均迭代次数较多即效率较低。

图 5-9 所示为采用三种异步通信策略的目标搜索效率比较。显然，内嵌基于动态进化位置的异步通信策略的控制算法执行效率最高，而固定通信周期的异步通信策略以及基于静态进化位置的异步通信策略效果稍逊。

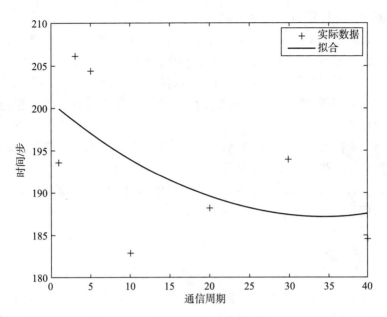

图 5-8　搜索完成所耗时间与通信周期的关系

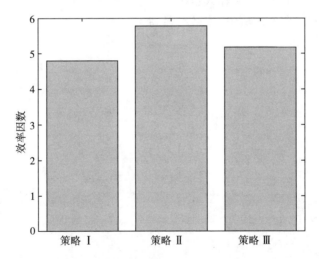

图 5-9　不同异步通信策略的搜索效率比较

分析以上仿真结果，应该与以下因素有关：

（1）进化位置难以精确到达，故按接近程度来施加控制，将基于进化位置到达原则修正为进化位置的接近原则。若记相邻时刻进化位置间距为 $\rho_{\exp} \stackrel{\text{def}}{=} \| \boldsymbol{v}_{k+1}^{i} - \boldsymbol{v}_{k}^{i} \|$，当前位置与进化位置距离 $\rho_{\text{now}} \stackrel{\text{def}}{=} \| \boldsymbol{v}_{\text{now}}^{i} - \boldsymbol{v}_{k+1}^{i} \|$，则施

加控制的指标设置为 $\rho_{now} \leqslant 0.1 \times \rho_{exp}$。

（2）相邻进化位置间距与机器人的惯性有关，惯性大则距离近，当基于进化位置进行异步更新时间接增加了通信次数，使搜索效率降低。

（3）一个通信周期包含若干个采样周期，故基于通信周期原则的异步更新并非采用逐次迭代更新方式。故在非更新的迭代步中，需要保持上次的最优记忆。

（4）机器人外部传感器的采样频率、通信迟延和融合处理速度亦难以完全同步，这些差异可通过设置不同的采样周期模拟。这样，在最优位置机器人搜索成功时，其他机器人的进化代数不同，统计数据取所有机器人的平均代数。

5.5 总结

通过分析不同版本微粒群算法的同步异步运行特性，结合群机器人系统的分布式特点，研究群机器人协调控制中的并行异步通信问题。对采用不同异步通信策略的群机器人目标搜索进行仿真的结果表明，基于动态进化位置的异步通信策略的搜索效率最高。

第6章　运动学特性约束下的
群机器人目标搜索

在群机器人目标搜索和微粒群算法寻优的映射关系中，个体属性差异最为显著。考虑自主移动的轮式机器人具有物理尺寸和非完整运动特性约束，在群机器人系统中存在空间冲突的可能性。故在扩展微粒群算法模型中引入通用的自主移动轮式机器人的运动学模型，研究群机器人目标搜索协调控制。

6.1　机器人避碰规划研究述评

用于目标搜索的群机器人和用于函数优化的微粒群算法，其个体属性不同，但群体表现出的智能搜索行为却具有相似性。建立映射关系后，可将微粒群算法加以扩展用于群机器人系统的建模和协调控制[130,133,134]。现有研究多进行了高度抽象。Pugh 等对群机器人搜索问题进行简化，包括对机器人连续控制过程的离散化、引入速度限制、用目标信号的检测代替适应值评估、考虑确定性体积造成的碰撞等外部约束等，直接运用微粒群算法进行控制，未对迭代方程进行形式化修正[55]。本书引入机器人的质量属性，将机器人抽象为一阶惯性环节，通过对微粒群算法显式化扩展并对迭代方程形式化修正，作为控制工具对群机器人实施协调控制。Jatmiko 等将移动机器人用于烟羽检测跟踪研究，采用修正微粒群算法控制机器人，考察机器人响应紊流和风向等空间因素的变化[133]。Hereford 等考虑基于微粒群算法的机器人搜索如何将控制规模平滑地扩展到大规模群机器人的情形，所用方法是借助特定的通信策略[127]。Marques 等比较分析了基于微粒群算法的协调搜索、梯度搜索以及随机偏置漫游搜索等算法，以确定最优搜索效率。因基于群体智能的搜索过程中机器人可与邻居交换信息，故仿微粒群算法的嗅觉引导搜索模式较其他两种表现出更好的性能[6]。但是，这些处理与实际出入较大。由于机器人具有质量和物理尺寸，并受运动学、动力学特性约束，在用扩展微粒群算法作为协调控制工具对群机器人施加控制时，有必要研究引入机器人运动学特性后的控制方法。

由于机器人的运动学模型引入后，存在空间冲突可能性，群机器人的路径规划不能忽略。由之前章节可知，基于扩展的微粒群算法模型为成员机器人规划了路径，这是通过顺序连接一系列进化位置实现的，只是未考虑机器人之间的空间冲突。群机器人的避碰规划则是为各机器人规划出无碰的运动路径。群机器人是特殊的多机器人系统，现有多机器人路径规划研究成果可以为群机器人的路径规划研究提供借鉴。多机器人的路径规划多数是从单体机器人的路径规划方法扩展而来的，可以分为传统方法、智能优化方法及其他方法三类。但多机器人的路径规划要比单体机器人的路径规划复杂得多，因为必须考虑机器人之间的避碰机制、相互协作机制、通信机制等。传统方法主要是基于图论的方法，如栅格法、人工势场法等；智能优化方法主要有遗传算法、蚁群算法、强化学习等；其他方法则包括动态规划、最优控制算法和模糊控制等[134]。路径规划问题可以建模为一个带约束的优化问题，包括环境建模、路径规划、定位和避障等任务。避碰在群机器人路径规划中须格外予以关注。多机器人避碰规划中常用主从控制法、动态优先法、交通规则法、速率调整法及障碍物膨胀法等。这些方法的计算复杂度均较高，而人工势场法计算简洁、实时性强、便于数学描述，但容易产生抖动和陷入局部极小。考虑将人工势场法和智能优化方法集成用于群机器人的避碰规划。

6.2 机器人的运动控制

假设群机器人由 N 个自主移动轮式机器人（Autonomous Wheeled Mobile Robot，WMR）组成，目标搜索在平坦硬质地形下的无障碍平面上进行。机器人的反应式控制结构使得环境感知和行为动作直接联系，无须对工作环境进行显式化描述。但是，机器人的运动行为控制受限于个体的运动学模型和群体模型。这主要是由于移动机器人一般具有非完整的运动特性约束，故在实施控制时不能仅按质点运动进行简化处理。

6.2.1 机器人建模

如图 6-1 所示，当机器人的反应式控制结构由环境感知、行为规划和执行机构驱动[8]等功能模块构成时，该结构涉及接近传感器系统模型和运动学模型，而用来检测目标信号的外部传感器配置在此处无须考虑。其原因是，机器人的物理尺寸和运动学特性与避碰规划相关，而目标信号传感器的配置选型等取决于特定信号类型但与运动控制无关。

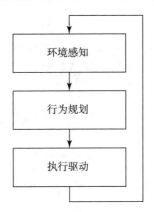

图 6-1　机器人的反应式控制结构

1）运动学模型

轮式机器人的机械结构决定了其运动学特性。目前普遍应用的移动机器人平台属于差动轮系，由两个同轴装配差动驱动的标准轮和一个小脚轮组成，本书以此结构为背景。因脚轮在运动过程中不产生推进力也无外力操纵，其方向仅通过摩擦和惯性力确定，故在求解二自由度（Degree of Freedom，DOF）轮式机器人的运动学方程时可以忽略。如图 6-2 所示，机器人在全局坐标系下采样得到自身位姿 $(x, y, \theta)^{\mathrm{T}}$，其中 (x, y) 为机器人的质心笛卡尔坐标和自旋转中心，θ 为方位角。为了用分量的移动描述机器人移动，须把沿固定坐标系的运动映射成沿移动坐标系的运动。这样，映射即成为当前位置的函数，该映射经正交旋转矩阵变换实现。给定全局坐标系下由平移线速度和旋转角速度组成的控制向量，便可得到所需位姿。由于非完整约束，平动线速度 v 总是朝向移动坐标系的正 x 轴方向，而 $\dot{x}$ 和 $\dot{y}$ 是机器人在全局坐标系下沿两个坐标轴方向的平动线速度即 v 在坐标轴方向的速度分量，w 是转动角速度。由映射关系计算控制输入产生的沿移动坐标轴的运动分量，即得式（6-1）所示的机器人 R_i 的运动学模型[106]。

$$\begin{cases} \dot{x}_i = v_i \cos\theta_i \\ \dot{y}_i = v_i \sin\theta_i \\ \dot{\theta}_i = w_i \end{cases} \tag{6-1}$$

在无障碍环境中，机器人的运动可简化为位姿镇定和轨迹跟踪。通过

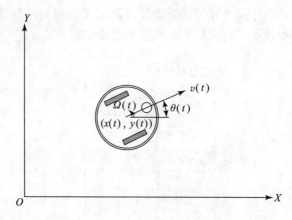

图 6-2   自主移动轮式机器人的通用运动学模型

确定各时间步的控制指令 $(v, w)^T$ 设计控制律。尽管实际上的控制指令可能表现为不同的形式，譬如，左右轮的转动角速度 w_R 和 w_L，并非前述平动线速度 v 和转动角速度 w，但可以通过控制器的专用指令解析和执行模块，将后者转化后驱动执行机构。故设计控制策略时仅须考虑确定 $(v, w)^T$ 而假设底层的指令解析和执行功能由机器人执行控制机构"自行"完成[106]。

2）实际速度约束

因执行机构对平移速度和旋转速度的限制，经过计算得到期望（理想）控制指令后尚须考虑其实际速度的约束，以确定机器人 R_i 在 t 时刻的实际控制输入。速度约束处理为

$$v_i = \begin{cases} v_{\max}, & v_i(t) > v_{\max} \\ 0, & v_i(t) < 0 \\ v_i(t), & \text{其他} \end{cases}$$

$$w_i = \begin{cases} w_{\max}, & w_i(t) > w_{\max} \\ -w_{\max}, & w_i(t) < -w_{\max} \\ w_i(t), & \text{其他} \end{cases} \quad (6-2)$$

该速度约束规则可视为机器人非完整约束的反映，因为机器人在任何时刻都只能沿着自身移动坐标系的正 X_i 轴方向运动，如图 6-3 所示。换言之，平动线速度 v_i 可用以确定机器人的方位角，因为该速度始终与机器人的前进方向一致。对于具有速度 $v_i(t) = (v_{i1}, v_{i2})_t$，处于位置 p_1 的机器人可按式（6-3）计算其在时刻 t 的方位角。

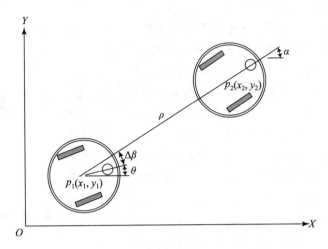

图 6-3　自主移动轮式机器人的运动控制

$$\theta_i(t) = \arctan \frac{v_{i2}(t)}{v_{i1}(t)} \tag{6-3}$$

同样地，若定义具有速度 $v_i(t+\Delta t) = (v_{i1}, v_{i2})_{t+\Delta t}$ 位于 p_2 的机器人方位角 $\alpha \overset{\text{def}}{=\!=} \theta_i(t+\Delta t)$，该角度亦不难求得。从位置 p_1 移动到 p_2 所需的转向角 $\Delta\beta_i$ 便可通过式（6-4）求得。

$$\Delta\beta_i = \arctan \frac{v_{i2}(t+\Delta t)}{v_{i1}(t+\Delta t)} - \arctan \frac{v_{i2}(t)}{v_{i1}(t)} \tag{6-4}$$

3）位姿的估计

机器人通过平移和旋转运动变换位姿，这可用内部传感器检测得到。而迭代控制过程中的每个时间步均需获得位姿向量 $(x_i, y_i, \theta_i)^{\mathrm{T}}$。对采样间隔 Δt 固定的离散系统，机器人在某时刻的位姿取决于相对前一时间步的运动距离增量。若分别记 Δs 和 $\Delta\theta$ 为机器人在 Δt 内的距离和转动角度增量，则时刻 $t+\Delta t$ 的位姿可用式（6-5）估计

$$\begin{bmatrix} \hat{x} \\ \hat{y} \\ \hat{\theta} \end{bmatrix}_{t+\Delta t} = \begin{bmatrix} \hat{x} \\ \hat{y} \\ \hat{\theta} \end{bmatrix}_t + \begin{bmatrix} \Delta s \cos\left(\hat{\theta} + \dfrac{\Delta\theta}{2}\right) \\ \Delta s \sin\left(\hat{\theta} + \dfrac{\Delta\theta}{2}\right) \\ \Delta\theta \end{bmatrix}_t \tag{6-5}$$

实际上，移动机器人的运动过程正是由式（6-5）所示的对当前位置的更新来完成的。同理，由多个机器人组成的群体系统的运动可由此确定。

4）接近传感器系统

欲将避碰机制集成到路径规划策略中，须对接近传感器系统建模。假设每个机器人均装备了红外或激光等接近传感器[133]。不考虑传感器的具体类型与性能，仅按信号检测距离抽取共性进行建模。具体到本书所用的机器人传感器背景系统，设计了 16 个接近传感器分别等均匀间隔地环绕安装到机器人的壳体上。图 6-4 所示为机器人的俯视图，其中的黑色箭头表示头部朝向，16 个编号的黑色椭圆形表示接近传感器；若以机器人的正前方朝向为个体局部坐标系的正 X 轴，#8 传感器的安装方向与其重合，则图 6-4 示所有传感器的固定角度列于表 6-1。机器人的避碰规划完全依靠机器人的传感器系统实现，通过对传感器的读数判断机器人所处的状态，包括了环境障碍的分布信息及目标的可能位置。

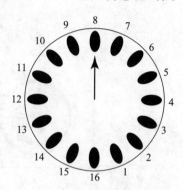

图 6-4　机器人的接近
传感器部署

表 6-1　机器人接近传感器部署

传感器编号	与头部朝向之间的角度						
#1～#8	$-\dfrac{7}{8}\pi$	$-\dfrac{3}{4}\pi$	$-\dfrac{5}{8}\pi$	$-\dfrac{1}{2}\pi$	$-\dfrac{3}{8}\pi$	$-\dfrac{1}{4}\pi$	$-\dfrac{1}{8}\pi$	0
#9～#16	$\dfrac{1}{8}\pi$	$\dfrac{1}{4}\pi$	$\dfrac{3}{8}\pi$	$\dfrac{1}{2}\pi$	$\dfrac{5}{8}\pi$	$\dfrac{4}{3}\pi$	$\dfrac{7}{8}\pi$	π

6.2.2　群机器人建模

群机器人由前述成员机器人组成，成员机器人遵循特定的行为规则。在局部交互机制下涌现群体系统层面上的智能行为，并按后面所述的路径规划方法确定自身的运动路径。

1）行为规则

成员机器人须遵循特定的行为规则，并通过特征群内的交互涌现群体智能，合作完成搜索任务。由微粒群算法与群机器人目标搜索之间的映射关系，微粒所遵循的聚集、避碰、趋同等行为规则亦适用于群机器人搜索情形。

2）最优位置判断准则

在此规则中，Δt 是减小机器人在单个时间步内步幅的因子，增加此因子是为了使机器人的运动"平滑"并因此使搜索精细化。此参数与问题的物理属性无关。然而，亦可这样理解：机器人因质量惯性而影响了运动。甚至可以将其理解为采样时间或控制的时间步。实际上，Δt 的选择和整定已超越了纯粹的算法意义：过小的 Δt 将使机器人步幅过小速度过慢，不利于搜索发现目标；而取 $\Delta t=1$ 时（也是微粒群算法中的默认取值），又可能使机器人的步幅过大并因此错过目标。不妨基于机器人时变特征群的概念，用式（6-6）来定义机器人 R_i 的特征群在时刻 t 的最优位置，其中，$I()$ 是从目标状态（信号）到测量值的函数。

$$p_{(i)}^*(t)=p_k^*(t), \quad \arg_k \max\{I[p_k^*(t)]\}, \ k\in\{R_i' \text{s TVCS}(t)\} \tag{6-6}$$

3）群机器人模型

在得到机器人 R_i 关于自身认知的最优位置和其所属时变特征群的最优位置后，即可以用扩展的微粒群算法为建模工具给出群机器人的模型，如式（6-7）所示。须注意，该模型中的位置描述基于绝对坐标系统。

$$\begin{cases} v_i^{\exp}(t+1)=w_i v_i(t)+c_1 r_1(x_i^*-x_i)+c_2 r_2[x_{(i)}^*-x_i] \\ v_i(t+1)=v_i(t)+K_i[v_i^{\exp}(t+1)-v_i(t)] \\ x_i(t+\Delta t)=x_i(t)+v_i(t+1)\Delta t \end{cases} \tag{6-7}$$

式中，$v_i(t)$ 和 $x_i(t)$ 分别是机器人 R_i 在时刻 t 的速度与位置；$v_i^{\exp}(t+1)$ 是期望的理想计算速度；参数 K_i 为控制器增益，可由设计者选择并整定，在多数情形下，机器人有可能不得不用若干时间步 $\lambda\Delta t$ 完成两个连续期望位置间的移动距离，因此增加该参数亦是为了使机器人的位移平滑；w_i 为算法惯性系数，可将其设置为常数或动态变化的；c_1 和 c_2 分别为认知和社会学习加速常数；r_1 和 r_2 均为 $[0,1]$ 中变化的随机值。据向量加法，可用式（6-8）计算机器人 R_i 的期望线速度：

$$v_i^{\exp}(t+\Delta t)=\{[v_{i1}^{\exp}(t+\Delta t)]^2+[v_{i2}^{\exp}(t+\Delta t)]^2\}^{\frac{1}{2}} \tag{6-8}$$

由式（6-1）所示的机器人运动学模型，线速度的输入可按式（6-9）所示的规则确定，其角速度亦可因此确定。

$$\begin{cases} v_i(t+\Delta t)=\min[v_{\max}, v_i^{\exp}(t+\Delta t)] \\ w_i(t+\Delta t)=\begin{cases} w_{\max}, & \dfrac{\Delta\beta_i}{\Delta t}\geqslant w_{\max} \\ \dfrac{\Delta\beta_i}{\Delta t}, & \text{其他} \end{cases} \end{cases} \tag{6-9}$$

式中，$\Delta\beta_i$ 是机器人 R_i 由当前位置指向期望位置的转角，其相对位置关系如图 6-3 所示。须注意，α_i 系前述连接两个连续期望进化位置的连线与全局坐标系正 x 轴的夹角。

6.3 群机器人避碰规划

以扩展的微粒群算法为工具，并将机器人的运动学特性引入群机器人系统模型后，需要考虑机器人之间以及机器人与环境障碍的避碰问题。

6.3.1 人工势场法

人工势场的概念与系统位置有关，基于以下原理：机器人 R_i 在一个势能场中移动，同时受到源于目标点的吸引力和源于自身周围的环境障碍的排斥力。吸引力使机器人产生向目标位置移动的趋势，排斥力则使机器人在运动中远离障碍物。在合力作用下，对机器人的运动轨迹产生影响。此原理可用式（6-10）定义。

$$U_i(x_i) = U_{iG}(x_i) + U_{iO}(x_i) \tag{6-10}$$

式（6-10）表示机器人 R_i 在当前位置 x_i 处受到斥力场 $U_{iO}(x_i)$ 和引力场 $U_{iG}(x_i)$ 的综合作用，用合力场 $U_i(x_i)$ 表示。其中，$U_{iG}(x_i)$ 表示机器人期望到达的目标位置对机器人产生的吸引场，$U_{iO}(x_i)$ 表示机器人探测范围内的环境障碍对机器人的斥力场。障碍物既包括工作区域中存在的石块、墙壁等静态障碍，也包括机器人接近传感器探测范围内出现的其他机器人，称为动态障碍。在势力场的定义基础上，可进一步推导式（6-11）所示的机器人 R_i 受到的合力。

$$\begin{cases} F_i(x_i) = F_{iG}(x_i) + F_{iO}(x_i) \\ F_{iG}(x_i) = -\nabla[U_{iG}(x_i)] \\ F_{iO}(x_i) = -\nabla[U_{iO}(x_i)] \end{cases} \tag{6-11}$$

式中，$F_i(x_i)$ 表示机器人在人工势场中受到的合力，合力的方向即机器人在虚拟力作用下的运动方向；$F_{iG}(x_i)$ 为机器人期望到达的目标位置产生的对机器人的吸引力；$F_{iO}(x_i)$ 为机器人所处环境中的障碍对机器人产生的排斥力，如图 6-5 所示。传统的人工势场法易陷入局部极小并导致目标不可到达，通过与其他智能算法集成并在集成的避碰控制算法作用下，机器人的避碰规划效果可得到改善。

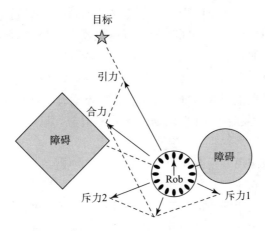

图 6-5　机器人在虚拟势场中受虚拟力作用

6.3.2　群机器人避碰规划

群机器人的避碰规划是为每个机器人规划出与障碍无碰撞的路径。针对自主移动机器人的路径规划问题，现有研究分为全局规划法、局部规划法和混合规划法等三种。全局规划法依照获取的全局环境信息，为机器人规划出一条路径。规划路径的精确程度取决于所获取的关于环境信息的准确程度。全局方法通常可以寻找到最优解，但是需预先知道环境的准确信息，并且计算量大，不适用于环境完全未知或部分未知的任务场景；局部规划法仅考虑机器人所处位置的局部环境信息，机器人根据导航函数或事先制订的规则来避碰运动。目前很多的机器人导航法基于局部规划，具有相当的实用性。因为机器人对周围环境的感知多依赖传感器，而传感器读数随着环境的变化发生实时变化，仅依靠传感器获取的有限的局部信息，有时会产生局部极点，无法保证机器人顺利到达目的地；混合规划法则有效融合了全局规划法和局部规划法的优点，在局部规划的基础上综合考虑全局信息，从而克服二者的缺点。

对于群机器人而言，根据规划的主体不同，其避碰规划方法可分为集中规划法和分布式规划法。早期的规划方法以集中规划为主。考虑群机器人系统的时间分布、空间分布和功能分布等特性，研究应围绕分布式规划方法展开。

1）集中规划法

一般用集中规划单元非实时地规划每个机器人的运动轨迹。其执行一般分为两步：第一步根据环境障碍和机器人的特定形状把自由空间分成若干子空间；第二步在子空间中选定起点和终点，然后规划得到路径。该法的优点在于集中规划单元能同时考虑所有机器人和障碍的分布情况，故可优化所有机器人的运动。然而这种方法也有缺点：

（1）计算复杂度随着机器人数量的增加及环境信息的变化而呈指数级增长，信息的处理量很大，规划时间较长，不适合实际的应用要求。

（2）机器人不能在线处理规划的误差和避碰，运动缺乏智能性，健壮性不强。

（3）当系统规模发生变化，譬如增加新的机器人或因机器人发生故障而需从系统中移除时，必须重新规划，影响整个系统的任务执行。

（4）机器人之间的通信具有空间距离限制，不能保证集中规划单元在任何时候都能和机器人保持交互，不适合大范围的工作环境。

（5）个体功能和角色的同构性是群机器人系统的典型特征，因此选择某个机器人作为集中规划单元的角色有悖于此特点。

2）分布式规划法

每个机器人采集各自周围的障碍信息，然后独立规划自身无冲突路径的方法。分布式规划方法一般分为两个步骤，第一步是单独规划每个机器人从起点到终点的路径，第二步是实时地或非实时地处理机器人之间发生的冲突并赋予机器人自主避碰的能力。分布式规划法相当于将集中规划法中的规划功能从集中规划单元下放到单个机器人，具有以下特点：

（1）机器人之间的通信具有空间距离限制，不能保证集中规划单元在任何时候都能和机器人保持交互，不适合大范围的工作环境。

（2）单个机器人的计算复杂度与系统规模无关，仅随自身周围机器人数量的增加而增加，但由于物理尺寸的影响，各自周围能够探测到的机器人数量应该是有限的。

（3）系统算法的整体可靠性较高，可以避免因某个机器人的问题导致系统整体失效。

（4）规划时机器人只需考虑周围有限的环境障碍和其他机器人的分布情况，信息的处理量较少，规划速度较快。

分布式规划法的特点，使其适合于群机器人在完全未知或部分未知环境中规划无碰路径。但是，由于分布式规划法建立在对机器人所处局部环境信息采集和利用基础上，行为策略也以机器人自我为主，故有产生死锁的危险。

6.3.3　人工势场法与微粒群算法的集成

在用于目标搜索的群机器人协调控制中，机器人周围的环境信息是完全未知或部分未知的。随着机器人位置的变化，其周围的环境障碍或其他机器人的分布也在更新，且具有不可预知性，因此机器人的避碰规划要通过持续的局部规划法来实现。

1）基于传感器的人工势场法

借鉴人工势场法的思想，机器人通过测距传感器读数的变化感知周围物体，故自适应能力强。基于机器人的多传感器结构提出的人工势场法可用式（6-12）来定义，其示意如图 6-6 所示。

$$\begin{cases} \boldsymbol{F}_i'(x_i) = \boldsymbol{F}_{iG}'(x_i) + \boldsymbol{F}_{iO}'(x_i) \\ \boldsymbol{F}_{iG}'(x_i) = x_i' - x_i \\ \boldsymbol{F}_{iO}'(x_i) = \sum_{j=1}^{16} \Delta \boldsymbol{S}_{ij} \\ \Delta \boldsymbol{S}_{ij} = \boldsymbol{S}_R - \boldsymbol{S}_{ij} \end{cases} \tag{6-12}$$

式中，$\boldsymbol{F}_i'(x_i)$ 表示机器人 R_i 在人工势场中 x_i 处受到的合力，其方向即机器人在虚拟力作用下的运动方向；$\boldsymbol{F}_{iG}'(x_i)$ 表示 R_i 期望到达的目标位置对它的吸引力；而 $\boldsymbol{F}_{iO}'(x_i)$ 表示周围的环境障碍对它的排斥力；S_{iR} 为机器人 R_i 的接近传感器的最大检测范围，由于群机器人的同构性特点，所有机器人均取 S_R；矢量 $\boldsymbol{S}_{ij}(x_i)$ 表示机器人

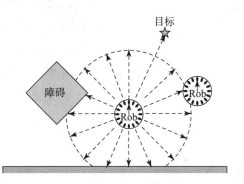

图 6-6　由接近传感器读数生成的虚拟力作用于机器人

R_i 在位置 x_i 处的第 $j(j=1,2,\cdots,16)$ 个传感器所检测到的障碍的距离读数和角度信息；而 $\Delta \boldsymbol{S}_{ij}$ 的数值大小等于机器人 R_i 的第 j 个传感器最大检测距离 $\boldsymbol{S}_R$ 与其距离值 $\boldsymbol{S}_{ij}$ 的差值。

2）基于传感器的人工势场法结合微粒群算法

智能算法解决 NP 难复杂问题的基本思路是：每个智能体具有一定的反应机制，通过从环境中以及智能体之间的通信交互中获取信息，来决定自身下一步的动作，直至任务完成。通过微粒群算法指导群机器人的运动趋势，并利用基于传感器的人工势场法作为机器人的反应机制即基于此思想[135]。将扩展微粒群算法模型和基于传感器的人工势场法进行集成后，在机器人有限感知能力原则和局部交互机制的框架下可进行搜索策略设计。机器人的控制，依然沿用第 3 章中提出的三状态有限状态自动机结构。

然后，考虑式（6-7）描述的群机器人系统模型，在其与基于传感器的人工势场法结合用于群机器人避碰规划时，系统模型须加以修正。

（1）通过时变特征群中机器人之间的交互，根据式（6-13）所示的扩展微粒群算法模型得到机器人 R_i 的期望速度 $v_i^{exp}(t+1)$ 和期望到达位置 $x_i^{exp}(t+1)$，式中符号意义同前。

$$\begin{cases} x_i^{exp}(t+1)=w_i v_i(t)+c_1 r_1(x_i^*-x_i)+c_2 r_2[x_{(i)}^*-x_i] \\ x_i^{exp}(t+1)=x_i(t)+x_i^{exp}(t+1) \end{cases} \tag{6-13}$$

（2）采用人工势场法，将机器人 R_i 的期望到达位置 $x_i^{exp}(t+1)$ 作为该时刻"临时"目标，其对 R_i 产生虚拟吸引力 $F_{iG}[x_i^{exp}(t+1)]$。再根据 R_i 的接近传感器读数获得所在位置 x_i 周围的环境障碍对自身的排斥力 $F_{iO}(t+1)$。机器人所受合力 $F_i(x_i)$ 的方向即为机器人在 $t+1$ 时刻的线速度 $v_i(t+1)$ 的方向，速率大小可用控制器增益 K_i 调节

$$\begin{cases} F_i(x_i)=F_{iG}[x_i^{exp}(t+1)]+F_{iO}(x_i) \\ v_i(t+1)=K_i F_i(x_i) \end{cases} \tag{6-14}$$

（3）通过改进的人工势场法计算得到机器人的控制向量中的线速度 $v_i(t+1)$ 后，再按式（6-3）所示的方位角确定法计算得到期望方位 $\theta_i(t)=\arctan\dfrac{v_{i2}(t)}{v_{i1}(t)}$，按式（6-4）所示的转向角确定法计算得到转角 $\Delta\beta_i=\arctan\dfrac{v_{i2}(t+\Delta t)}{v_{i1}(t+\Delta t)}-\arctan\dfrac{v_{i2}(t)}{v_{i1}(t)}$，最后按式（6-1）所示的机器人运动学模型计算得到角速度 $w_i=\dot\theta_i=\Delta\dot\beta_i$。

（4）对机器人的控制速度按式（6-2）所示的约束进行处理，得到实际输入机器人控制器的控制向量 $[v(t+1),w(t+1)]^T$。

（5）按式（6-5）所示机器人位姿估计法计算得到机器人在时刻 $t+\Delta t$ 位置

$$\hat x(t+\Delta t)=\begin{vmatrix} \hat x \\ \hat y \\ \hat\theta \end{vmatrix}_{t+\Delta t}=\begin{vmatrix} \hat x \\ \hat y \\ \hat\theta \end{vmatrix}_t+\begin{vmatrix} \Delta s\cos\left(\hat\theta+\dfrac{\Delta\theta}{2}\right) \\ \Delta s\sin\left(\hat\theta+\dfrac{\Delta\theta}{2}\right) \\ \Delta\theta \end{vmatrix}_t。$$

6.3.4　算法描述

前已假设，在机器人未检测到目标信号时处于随机漫游搜索状态，此

时采用螺旋发散的随机搜索策略，本章亦沿用此策略。在检测到目标信号获得目标"线索"或通过时变特征群交互状态变迁后，机器人进入协同搜索状态。该状态下的群机器人协调控制策略采用本章方法。为简便起见，算法仅体现协调控制部分。考虑群机器人的时间、空间和功能分布特点，协调控制算法须设计为完全分布式的，下载到各成员机器人的板载控制器上运行。不失一般性，可对运行于任意机器人 R_i 上的协同控制使用图 6-7 所示的控制算法。

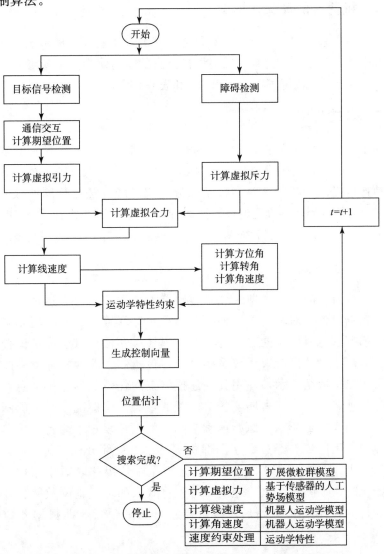

图 6-7　用于目标搜索的群机器人协同控制流程

6.4   仿真

在扩展微粒群算法模型中引入机器人运动学特性，建立群机器人系统模型后，开发目标搜索协调控制算法，针对群机器人避碰规划进行仿真，统计分析所得结果。

6.4.1   机器人的局部坐标系

群机器人系统中成员机器人对环境的观测采用局部坐标系统，并使用极坐标形式。为了便利计算，始终以自身头部朝向作为 0° 的参考方向，此方向上安装 ＃8 接近传感器，如图 6-4 和表 6-1 所示。

6.4.2   性能指标

为了考察群机器人系统的目标搜索效率和能量消耗，须关注完成搜索时全部机器人的移动距离总和，记为 S_{total}。该指标间接反映了整个系统的能量消耗情况；同时关注目标搜索任务完成时的算法运行周期数，记为 T_{total}，因为仿真周期是确定的，算法运行周期数与消耗时间存在对应关系，间接反映了算法效率。二者作为算法评估的性能指标。

6.4.3   环境构建

移动机器人的路径规划研究中，机器人的活动空间表达是一个重要问题。根据机器人对环境不同的感知情况，即环境已知和环境未知，对应的建模方法也有所不同[99]。本章采用基于数字图像处理的地图描述及其建模方法。设群机器人系统采用全局定位机制，即搜索环境中的任一点均可用二维数组表示，并用其描述搜索空间任一点的障碍信息。经过可视化处理后，可将搜索环境各个位置的障碍占用情况用 0/1 的网格化表示。如图 6-8(a) 所示，原始搜索空间中的白色表示可通行区域，棕色表示障碍占用区域。经过数字图像处理后，白色部分标识为 0，棕色部分标识为 1，如图 6-8(b) 所示，该信息与坐标数组关联后用于仿真。系统初始化时，地图数字化处理模块首先将载入的环境地图数字化，待机器人的行为控制仿真开始后，接近传感器的测距读数即根据此数据集产生。

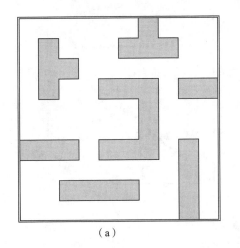

（a）　　　　　　　　　　　（b）

图 6-8　群机器人搜索环境的数字化描述

（a）原始地图；（b）数字化处理

6.4.4　参数设置

仿真实验中的参数设置见表 6-2。为了保证仿真的精度，在对搜索环境进行数字化描述后加大了搜索环境的尺寸设置。

表 6-2　仿真参数设置

符号	含义	取值	符号	含义	取值
$L \times L$	搜索空间	500×500	v_{max}	最大速度	5
R	通信半径	100	R_1	扇形半径	50
r	检测半径	100	P	目标信号能量	100
N	系统规模	3,5,8,10	Δt	采样周期	400

6.4.5　结果与讨论

基于多传感器结构的人工势场法能够有效避免局部极小，图 6-9 所示结果表明了该法用于不同规模群机器人控制的有效性。

单个机器人在不同形状障碍环境中因受目标的吸引势场和环境障碍的排斥势场的综合作用下移向目标，仿真结果如图 6-10 所示。可以看出，机器人在复杂障碍环境下也能绕过局部极小点成功搜索到目标。

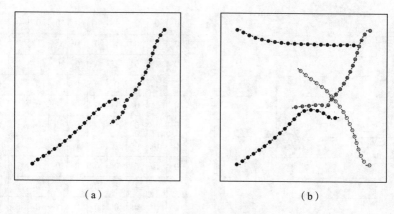

图 6-9 机器人避碰效果

(a) 2-rob；(b) 4-rob

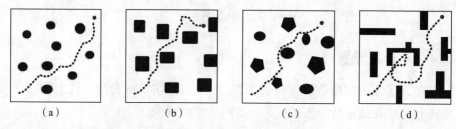

图 6-10 机器人无碰移向目标

(a) 圆形障碍；(b) 方形障碍；(c) 异形障碍；(d) 复杂障碍

微粒群算法与基于多传感器结构的人工势场法集成后，将其用来控制不同规模的群机器人，规模分别为 $N=3,5,8,10$，每种规模的系统各重复独立地运行 10 次，求得每种规模系统运行的平均周期数 T_{aver} 和平均总位移 S_{aver}，作为衡量算法的性能评估指标，结果列于表 6-3，并据此绘制群机器人系统规模与搜索成功所需平均运行周期和平均位移的关系，如图 6-11 所示。

表 6-3 仿真结果

系统规模	平均运行周期数	机器人平均移动距离
3-rob	278	1 930
5-rob	232	2 410
8-rob	197	3 136
10-rob	184	4 380

图 6-11 显示，随着系统规模的扩大，算法运行周期数在减小，而平均移动距离在加大。说明机器人数量的增加能够提升效率，增大了能量消耗，但是并不与机器人数量呈线性关系。这意味着，随着机器人数量的增加，空间冲突将呈指数级增加，故数据曲线并非线性。

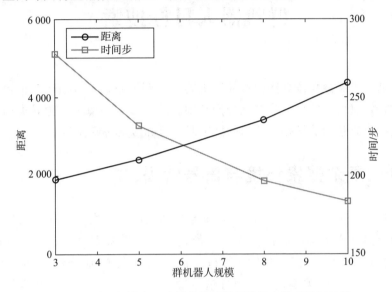

图 6-11　引入机器人运动学特性后的群机器人避碰规划结果

6.5　总结

由于存在物理尺寸和质量，在引入移动机器人的运动学特性约束后，群机器人系统中的空间冲突不能忽略，故考虑机器人的避碰问题。基于机器人多传感器结构的人工势场法与微粒群算法集成后，将其用于目标搜索中的群机器人避碰规划。仿真结果表明了该法的有效性。

第 7 章　多源信号融合条件下的
群机器人目标搜索

　　基于扩展微粒群算法模型的群机器人协调控制，关键是相对位置优劣评估，其以目标信号检测与融合为基础。故以搜索环境中多源异类信号为背景，研究基于信号融合评估的群机器人目标搜索协调控制。

7.1　复杂搜索环境与信号传播

　　我国煤矿均为瓦斯矿井[136]，煤与瓦斯突出灾害发生早期，用群机器人搜索可给现场指挥者提供幸存者位置信息以助决策[6,55,127,128]。群机器人可受控于反应式控制结构和基于群体智能的控制算法逐步移向目标[99]。该方法的关键是通过目标信号检测进行位置评估，以确定相对优势位置。Pugh 等以单一连续信号传播为背景研究群机器人搜索问题[55]，仅简单假设每个机器人均配置一个外部信号传感器用以检测目标信号。而在目标搜索环境中，往往存在着能够表征目标信息的多源异类信号。譬如，以矿难搜救为目标的群机器人控制，可能在搜救现场检测到的有价值信号即包括幸存者的间歇性呼救声、连续性扩散瓦斯以及标识矿工身份的射频识别（Radio Frequency Identification，RFID）装置发出的周期性无线射频电磁波等[130]。此时，需融合不同信号后作为评估位置优劣的依据，以触发群体智能指导下的控制算法[137]。应该指出，作为现实世界中的各种目标信号，均具有不同的物理属性，而表征这些属性的物理量具有各自的量纲。根据问题的实际意义，构造相应的特征向量表征目标并不适合，而建立适当的融合机制和框架，将不同的物理量转化为纯量融合是应该着重考虑的。

7.2　系统建模

　　群机器人中个体的反应式控制结构将感知和动作联系起来，不需要环境模型的抽象表示[99]，在定义个体行为规则后即可建立系统模型。

7.2.1　机器人行为规则

据微粒群算法与群机器人目标搜索任务之间的映射关系，除前者的聚集、避碰、趋同等粒子行为规则适用于后者外，为提高信号被感知之前的漫游式随机搜索效率，尚需增加螺旋浪涌趋风行为[7]。注意，该行为有别于图 3-2 所示的单纯螺旋发散式随机漫游搜索方式，是在此基础上加入了对有风环境中气味的感知。而机器人之间的交互模式在引入时变特征群概念及局部交互机制后通过群体智能控制算法体现。

7.2.2　绝对定位机制下的系统模型

设机器人具有完备的关于自身位置的知识并可通过局部交互获知特征群内邻居的位置。记 N 为机器人数量，$X_i(t)=(x_{i1},x_{i2})$ 和 $V_i(t)=(v_{i1},v_{i2})$ 分别为机器人 R_i 在时刻 t 的位置和速度。$X_i^*(t)$ 和 $X_{(i)}^*(t)$ 则是同时刻的个体最优认知和社会最优位置，于是可按式（7-1）所示准则确定机器人 R_i 自身的最优感知。

$$X_i^*(t+\Delta t)=\begin{cases}X_i^*(t+\Delta t), & I[X_i^*(t+\Delta t)]\geqslant I[X_i^*(t)]\\ X_i^*(t), & \text{其他}\end{cases} \tag{7-1}$$

而按式（7-2）所示的准则确定属于机器人 R_i 在时刻 t 的特征群社会最优位置。

$$X_i^*(t)=X_k^*(t), \; k=\arg\max_k\{I[X_j^*(t)], j\in R_i's\ \text{TVCS}(t)\} \tag{7-2}$$

式中，$I()$ 为机器人感知函数；Δt 为步长调节因子，因与物理属性无关，可视为采样周期[102]。综合机器人质量、控制器惯性等因素可得群机器人的系统模型[130]。

$$\begin{cases}v_{ij}^{\exp}(t+1)=wv_{ij}(t)+c_1r_1(x_{ij}^*-x_{ij})+c_2r_2[x_{(i)j}^*-x_{ij}]\\ v_{ij}(t+\Delta t)=v_{ij}(t)+\dfrac{1}{T}[v_{ij}^{\exp}(t+1)-v_{ij}(t)]\\ x_{ij}(t+\Delta t)=x_{ij}(t)+v_{ij}(t+\Delta t)\Delta t\end{cases} \tag{7-3}$$

式中，$v_{ij}(t)$ 和 $x_{ij}(t)$ 分别是 t 时刻机器人 R_i 的第 j 维速度与位置；$v_{ij}^{\exp}$ 为时刻 $t+1$ 的期望速度；w 为算法惯性系数；c_1 和 c_2 为认知及社会加速常数；r_1 和 r_2 为 $[0,1]$ 中变化的随机值；$x_{(i)j}^*(t)$ 为 R_i 在时刻 t 的特征群最优位置的第 j 维坐标；$\dfrac{1}{T}$ 是表征机器人及其控制器动力学特性的一阶惯性环节。

7.3　信号感知

假设矿难发生后，幸存者栖身于煤矿巷道待救。群机器人搜索时，机器人用各自配置的多种传感器检测异类目标信号，评估位置后在群体智能原则下控制机器人移动。对于多源异类信号传播，需要研究信号的时空统计特性，通过对信号能量的路径衰落与距离关系建模，用数学方法生成类似于特定环境的采样值[138]，进而将物理检测量转化为纯量计算。

7.3.1　瓦斯气体信号

瓦斯是有毒的混合气体，主要成分是 CH_4。瓦斯突出发生后在巷道中扩散，其过程可用多个点源的组合泄漏作用来表征。为方便研究，将多个泄漏量较小的点源按扩散效果简化为一个泄漏量较大的单点源。气体泄漏后在风力作用下形成烟羽。有两个过程造成了该现象：分子扩散及对流。前者作用缓慢，可忽略不计，后者则受湍流影响。湍流造成的漩涡在三个区域分开：接近气源的漩涡远大于烟羽宽度，造成烟羽扩散。在第二个区域，由于烟羽直径与漩涡直径相等，造成高强度气体周期性波动。在远离气源的区域，湍流将烟羽充分混合，瞬时浓度很小也很均匀[6]。

假设巷道中瓦斯的扩散始于幸存者附近的一个泄漏点。泄漏速率在扩散过程中持续不变，巷道地表平整，对瓦斯无吸收。若以泄漏点在地面上的投影为原点，平均风向为 x 轴建立三维坐标系（右手系），可得下风向任意点在 t 时刻的瓦斯浓度。特别地，因微型机器人贴着地面运动，扩散范围内地面($z=0$) 各点瓦斯浓度 $C(x,y,t)$ 符合式（7-4）所示的连续有风点源的 Gaussian 烟羽模型[6,139−142]。

$$C=(x,y,t)=\frac{Q}{2\pi\sigma_y(x,t)\sigma_z(x)}\exp\left\{\frac{[y(t)-y_0(x,t)]^2}{-2\sigma_y^2(x,t)}\right\} \tag{7-4}$$

式中，Q 为泄漏速率；$h(x)$、$w(x,t)$ 为距源头下风向 x 处的烟羽高度和宽度；$y_0(x,t)$ 为其中心；$\sigma_y(x,t)=\dfrac{w(x,t)}{\sqrt{2\pi}}$ 为瞬时烟羽宽度的实测值；

$\sigma_z(x)=\dfrac{h(x)}{\sqrt{2\pi}}$ 为高度实测值。充分扩散后，可认为瓦斯浓度分布与时间 t 无关，图 7-1 所示为充分扩散后地表平均瓦斯浓度分布示意[6]。

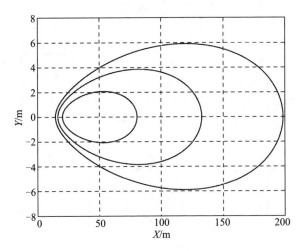

图 7-1　连续点源扩散后地表瓦斯平均分布

7.3.2　射频电磁波信号

2007 年 4 月，我国发布《800/900MHz 频段射频识别（RFID）技术应用规定（试行）》[143]。基于 RFID 技术的井下人员定位系统在我国煤矿基本普及。井下应用一般用 UHF 的 900 MHz 频段和 2.45 GHz 微波频段。对于井下个人定位，电子标签固定在矿工随身携带的矿帽上[144]。RFID 系统由电子标签和阅读器组成，电子标签内存有特定格式的电子数据。UHF 频段一般采用无源标签形式，典型作用距离为 0～6 m；微波频段采用有源标签形式，作用距离为 2～80 m 甚至更远[145]。广播发射式 RFID 系统工作时，电池供电的有源标签中的射频发射模块定期将其储存的身份标识信息向外广播，由同一频率工作的阅读器接收。机器人在巷道中搜索时，可用配置的射频模块接收标签发射的周期性 RF 波。因传播环境影响，室内 RF 传播不能用自由空间传播模型描述。实验表明，式（7-5）所示的对数正态分布模型可对此加以近似[138,146]。

$$P(d) = P(d_0) - 10\alpha \lg \frac{d}{d_0} - \xi \tag{7-5}$$

式中，$P(r)$ 为距发射点 r 处的实测功率；$P(r_0)$ 为距发射点 r_0 处的参考功率，通常取 $r_0 = 1$ m [146]；α 表示路径损耗随距离 r 增加变化的速率，典型值为 2～4[147]。ξ 为遮蔽因子，可用独立样本数据经回归分析获得。图 7-2 所示为路径损耗和传播距离的关系[148,149]。

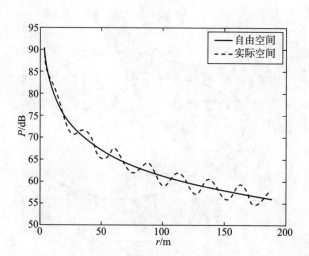

图 7-2　对数正态信号损耗分布

7.3.3　呼救声音信号

考虑幸存者发出的间歇性呼救声。同一环境中的声音传播和检测可用相同的数学模型表征，用声音能量衰减模型构建声场、生成声音信号检测值[150]。人声是频率成分 $f=50\sim1\,000$ Hz 和声强都随时间变化的可听域声波，在空气中的传播速度约为 $v=340$ m/s，传播距离与声源能量有关，持续发出一小段时间后，在传播空间内达到稳定状态[150]。设成员机器人各携一个声音传感器构成无线传感器网络，第 i 个传感器在时刻 t 所测的点声源声能 $y_i(t)$ 用式（7-6）所示的数学模型表征[150]。

$$y_i(t)=g_i\frac{s(t-t_i)}{|r(t-t_i)-r_i|^\alpha}+\varepsilon_i(t) \tag{7-6}$$

式中，$s(t)$ 为声源在时间 t 内散发的能量；t_i 为声源传播到第 i 个传感器的时间延迟；$r(t)$ 和 r_i 为 $d\times1$ 向量，是声源和第 i 个传感器的位置坐标；g_i 为第 i 个传感器增益，$\alpha(\approx2)$ 是声能衰减系数，若忽略反射和传播介质影响，可视为常量，在非自由空间取经验值 $(\alpha>2)$。$\varepsilon_i(t)$ 是 g_i，r_i，α 等参数误差和观测噪声的累积效应。由中心极限定理，$\varepsilon_i(t)$ 可用均值 $\mu_i>0$ 的高斯分布近似，其标准差由经验确定。拟合的声强距离曲线如图 7-3 所示[150]。

7.3.4　信号传播环境建模

按照目标信号的时空分布特点，可将搜索环境划分为 ♯1～♯6 等子区

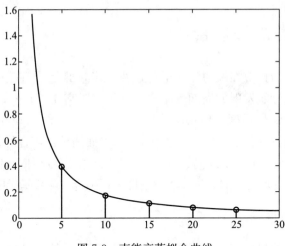

图 7-3　声能衰落拟合曲线

域，将信号传播区域叠加到第 3 章理想搜索环境后形成如图 7-4 所示的目标信号传播环境。其中，实线表示可检测信号阈值对应的等值线，分别相应于 0.001 6 kg/m³ 的瓦斯浓度、−90 dB 的可检出无线射频电磁波，对应的最大可检测范围分别为 200 m 和 45 m[142,145,147,150]。需要指出，声音的可检测阈值并未给出，因为这与声音传感器的灵敏度密切相关。因此，给定毫瓦级的大声呼救声，根据实测统计可确定该声音在特定环境下所能达到的最远距离。

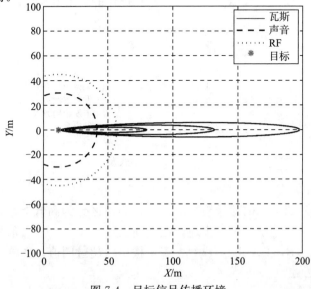

图 7-4　目标信号传播环境

7.4 异类信号融合

连续性瓦斯扩散在风力作用下可达数百米，此信号只能用来间接定位目标；主动式标签发射的周期性 RFID 波作用距离 150 ft[①] （≈ 45 m）[145]，若用基于接收信号强度（Received Signal Strength Indication，RSSI）的方法进行目标位置的估计，定位精度 1 m[151]；而间歇性声音的作用距离一般不超过 30 m[150]，定位误差高达 50%[149]。故异类信号须依据信号分布的统计特征、用以目标定位的定位性质及精度进行融合。融合基于以下概念。

7.4.1 虚拟通信

将机器人的目标信号检测视为连续通信过程，其中目标和机器人分别视为信源和信宿，每个机器人与目标之间均通过各自独立的信道通信，假设其通信彼此之间不发生扰动。

1）信源编码

采用三位二进制数，各位从左至右依次表示瓦斯气体、射频电磁波和呼救声音等信号的发生状态，如图 7-5 所示。显然，信源编码的码值至多为 $2^3 = 8$ 个。当目标发出能量恒定的信号时，相应编码置为 1，否则为 0。同时，将参考点处（按经验取右手坐标系 $x = 1$ m）关于目标信号的三种传感器读数分别设为最大信号值作为归一化操作的上限值 C_{max}、P_{max} 及 y_{max}。

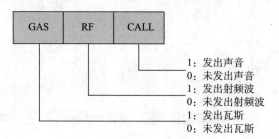

图 7-5 信源编码格式及意义

2）感知事件

假设传感器读取的信号检测值用各自阈值区分为高低电平，并引入二值逻辑表征是否检出。进一步地，在空间 $\Omega = \{0,1\}$ 上定义信号感知事件 A_j（$j = GAS, RF, CALL$），$A_j = 1$ 表示检出（超过阈值，如电磁波的强度

---

① 英尺，1 ft=0.304 8 m。

阈值可设为 -80 dBm[152]），$A_j=0$ 表示未检出。同时，将不同种类传感器读取的超过阈值的目标信号归一化处理为 $Nm_i \in (0,1)$。易知感知事件与信号的作用距离有关且异类信号的感知事件彼此独立。感知事件的概率可据信号的统计特征求取，而这些事件的统计特征可用实验法确定。进而可用 $[A_{iGAS}(t), A_{iRF}(t), A_{iCALL}(t)]$ 表示 t 时刻机器人 R_i 对瓦斯、射频电磁波和呼救声音的联合感知状态，共对应 $2^3=8$ 个联合事件。

3）信宿编码

考虑信号的空间分布特征，并结合机器人基于有限状态自动机的控制器综合描述搜索过程。位于信号盲区（♯1）的机器人由于无法检出目标信号，采用螺旋发散式逆风向的漫游方式[7]随机搜索。由于信号作用距离的关系，当机器人在远离目标区域首先检测到瓦斯信号并变迁到搜索状态，进入群体智能指导协调搜索阶段后，此时进入子区域♯2～♯6。易知，位于该阶段的机器人在对应子区域中检出的联合事件皆为至多 6 个。若将这些联合事件用三位二进制数编码，当目标同时发出三种信号时，各子区域可能发生的联合事件见表 7-1。这样，可用经过归一化处理的传感器读数 Nm_i 构造表征目标信号状态的三维实值列向量，从而将三种信号的检测值转化为纯量表示。其中，特征向量中的非 0 元素系超过阈值的目标信号检测值的归一化值，而元素 0 则表示未达到检测阈值的信号，其在列向量中的位置按图 7-6 定义，图中 3 种异类信号的处理过程是相同的，为了清晰将瓦斯气体信号和呼救声音信号的处理过程用虚线表示。须注意，经过处理后的信宿侧的关于目标的特征向量为正的实值向量。

表 7-1　搜索子区域中可能发生的联合感知事件

信源编码	子区域	联合事件 $(A_{GAS}, A_{RF}, A_{CALL})$	联合事件编码
111	1	$(0,0,0)$	000
111	2	$(1,0,0)$	100
111	3	$(1,0,0),(1,1,0)$	100,101
111	4	$(1,0,0),(1,1,0),(1,0,1),(1,1,1)$	100,110,101,111
111	5	$(0,0,0),(0,1,0)$	000,010
111	6	$(0,0,0),(0,0,1),(0,1,0),(0,1,1)$	000,001,010,011

4）信宿与信源编码差异解读

对于从信源发出的信号，位于不同检测区域的机器人检测到的信号可能不同。这是由于作用距离不同引起的，可将其理解为传输过程中的扰动。因此，当信源编码为非 0 码值时，位于不同区域的机器人接收到信宿编码可能不同。假设目标发出的信号持续时间能保证在一次采样周期（400 ms）里检测成功而不考虑传感器迟延的影响。同时，假设信息从信源传输到信宿的时间可以忽略。这样，目标信号的连续监测过程可以转化为时间和幅值均离散的随机信号序列。假设 Δt 为充分小的时间间隔，感知事件在一次采样中至多发生一次。

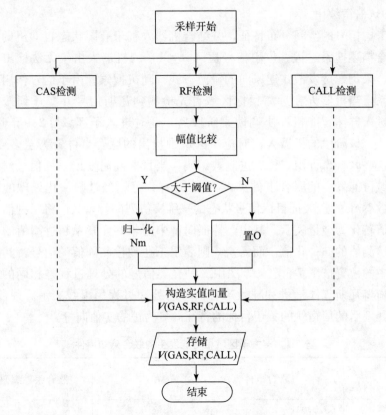

图 7-6　一个采样周期中的信宿信号接收与调理

7.4.2　信息熵

通过采样将连续信源变换成时间幅值均离散的随机信号序列后[153]，可将异类信号在任意时刻的感知纳入虚拟通信这个框架下考察。由信息论可知，任意连续概率分布的不确定性可以用式（7-7）所示的熵表示[154]。

$$H(X) = -\int p(x)\log[p(x)]\mathrm{d}x \tag{7-7}$$

当概率分布状态的概率较大时，不确定性较小，其熵亦小；当各状态的概率均等时，不确定性最大，其熵亦最大。离散信源有相应结论[154]，用式（7-8）表示。

$$H(X) = -\sum_j p(x_j)\log[p(x_j)] \tag{7-8}$$

已经假设采样周期 Δt 为充分小的时间间隔，感知事件在一次采样中至多发生一次，则 t 时刻机器人 R_i 检出不同信号的概率和信息熵可由此求得。下面分别考察 3 种信号单独作用时的信源熵。

1）连续性扩散瓦斯

机器人在发散式螺旋漫游状态下进行随机搜索时，当由于信号作用距离原因首先捕捉到瓦斯信号进而变迁到协调搜索状态后，由瓦斯扩散的连续性和实际问题意义，在区域 ♯2～♯4 中的任意采样时刻恒有感知事件 $A_{GAS}=1$ 发生[130]。根据虚拟通信概念，信源侧必有相应的信息编码 GAS=1 表征瓦斯发出事件。进入协同搜索状态后，由群体智能原则指导下的向潜在目标聚集的智能行为可知，机器人在此后的搜索过程中必有 $P\{A_{GAS}(t)\}=1$，进而易知此确定性信源的熵可用式（7-9）表示[154]。

$$H(X_{GAS}) = 0 \tag{7-9}$$

2）周期性射频电磁波

假设主动式电子标签的发射周期 T 和特定字节信息的发射时间 ΔT 已知且存在关系 $T \gg \Delta T$。因事先不能确定任意时刻能否正确接收按周期性规律发出的电磁波信号，且信道亦可能受到随机扰动，故机器人对射频电磁波信号的感知可用随机过程描述。据随机过程定义，该感知过程 $\{X_{RF}(t),$ $t \geqslant 0\}$ 为泊松过程，其参数记为 $\lambda_{RF} = \dfrac{n}{T}$，其中，$n$ 为正的发射频率调节因子。因泊松过程具有平稳独立增量，故可认为长度相等的区间包含事件 $A_{RF}=1$ 的概率相同。假设采样周期 Δt 为充分小的时间间隔，采样频率满足采样定理，可知事件 $A_{RF}=1$ 在一次采样中至多发生一次。另外，由事件空间的完备性及虚拟通信的连续性假设，易知时刻 t 的感知事件 $A_{RF}=1$ 与 $R_{RF}=0$ 互斥，即式（7-10）所示关系成立。

$$P\{A_{RF}(t)=0\} = 1 - P\{A_{RF}(t)=1\} \tag{7-10}$$

于是，可由随机过程定义用式（7-11）和式（7-12）求事件发生或不发生的概率：

$$\begin{aligned} P\{A_{RF}(t)=1\} &= P\{X_{RF}(t+\Delta t)-X_{RF}(t)=1\} \\ &= e^{-\lambda_{RF}\Delta t}\lambda_{RF}\Delta t \end{aligned} \tag{7-11}$$

$$P\{A_{RF}(t)=0\} = P\{X_{RF}(t+\Delta t)-X_{RF}(t)=0\}$$

$$= e^{-\lambda_{RF}\Delta t} \tag{7-12}$$

进而可解得

$$e^{\lambda_{RF}\Delta t} = \lambda_{RF}\Delta t + 1 \tag{7-13}$$

故可用式（7-14）求得 t 时刻仅考虑射频电磁波信号时的信源熵：

$$H(X_{RF}) = \lambda_{RF}\Delta t + (e^{-\lambda_{RF}\Delta t} - 1)\log(\lambda_{RF}\Delta t) \tag{7-14}$$

3）间歇性声音

可以验证，用机器人配置的声音传感器检测目标发出的间歇性呼救声 $\{X_C(t), t \geqslant 0\}$ 为泊松过程，其速率参数记为 λ_C，该参数与呼救声频率呈正相关。考虑问题的实际意义，一般的呼救声频率不高于 RFID 信号频率。仿照前法确定任意采样时刻的一次声音检出概率及未检出概率，从而可计算得到 t 时刻仅考虑呼救声音信号时的信源熵，用式（7-15）表示。

$$H(X_C) = \lambda_C\Delta t + (e^{-\lambda_C\Delta t} - 1)\log(\lambda_C\Delta t) \tag{7-15}$$

7.4.3 加权融合

在目标信号融合中引入加权准则。在确定各类信号对融合值的贡献时，除了相应的信息熵，亦应考虑该类信号被用 RSSI 方法作为目标定位的基础数据的类型和精度因素。譬如，瓦斯源并不等同于目标位置，通过定位瓦斯源间接定位目标基于如下事实：在遭遇瓦斯泄漏时，受害者将逆风向快速脱离泄漏区以避免伤害。因借助瓦斯源定位来估计目标位置精度极低，故用瓦斯感知距离（200 m）近似。但借助射频电磁波或声音强度信号来定位目标则是直接的，各项特征见表 7-2[6,145,149,150,155]。

表 7-2　异类目标信号特征

信号	信息熵	检测距离/m	定位类型	定位精度/m
GAS	0	200	间接	200
RF	0.015 6	45	直接	2
CALL	0.205 5	30	直接	15

各特定类型信号的信息熵、支持的定位类型和定位精度等均被用来进行加权求和，此过程亦可视为融合过程中特定类型的信号检测用传感器优先权 w，见式（7-16）。

$$w_i = \frac{aH(X_i)}{\sum\limits_i H(X_i)} + bk + \frac{c}{\tau_i \sum\limits_i \frac{1}{\tau_i}}, \quad i = \text{GSA, RF, CALL} \tag{7-16}$$

式中，k 为关于定位性质的逻辑变量，"间接"取 0，"直接"取 1；τ 为定位精度，$a,b,c \in (0,1]$ 均为正系数，故式（7-16）右端诸项均为非负数。取这 3 个权值作为向量元素构造 1×3 的行向量 w。

2）加权运算

该融合机制可用特征向量与权向量的加权和运算来表征，即通过计算二个向量的内积来获得，见式（7-17）。

$$fusion = v_{(1 \times 3)} \cdot w_{(3 \times 1)} \tag{7-17}$$

7.4.4　算法描述

目标信号融合算法运行于机器人板上处理器，作为控制器的一个功能模块。假设各机器人 ID 唯一，配置的目标信号检测传感器适应于异类信号的检测；同时，各机器人板上系统独立对自身检测得到的目标信号进行融合。进一步假设，所有传感器均可在足够短时间内对目标信号做出响应。据此构造关于目标的特征结构，表示为 "ID" + "Position" + "fusion"。于是，可得到异类信号的融合算法，如图 7-7 所示。

Algorithm 7 实时性异类目标信号融合

1: **Input:** 传感器读数
2: **Output:** 目标信号的融合值及最优位置
3: 确认 ID 及当前位置 $iPos$;
4: **初始化**
5:     设置计数器 $t \leftarrow 0$;
6:     初始化感知事件 $(A_{iGAS}, A_{iRF}, A_{iCALL})_{t=0} = 000$;
7:     初始化融合值 $fusion = 0$;
8:     构造 "ID"+"Position"+"$fusion$";{通信协议}
9:     初始化机器人自身最优位置 $ibPos \leftarrow iPos$;
10:     初始化社会最优位置 $sbPos \leftarrow iPos$;
11: **repeat**
12:     检测目标信号;
13:     通过比较检测阈值将检测值离散为 0 或 1;
14:     用特征结构格式化数据;
15:     **if** $(A_{iGAS}, A_{iRF}, A_{iCALL})_t = 000$ **then**
16:         保持缄默;{do nothing}
17:     **else**
18:         选举 $ibPos$ 并更新;
19:         在特征群内广播格式化的数据;
20:     **end if**
21:     监听邻居机器人;
22:     **if** 接收到的数据包含非 0 值即 $(A_{jGAS}, A_{jRF}, A_{jCALL}) \neq 000$ **then**
23:         选举 $sbPos$ 并更新;
24:     **end if**
25:     $t \leftarrow t+1$;
26: **until** 满足终止条件

图 7-7　实时性多源异类目标信号融合算法

7.5　仿真

仿真实验设计基于以下目的：一是考察融合特定种类异类目标信号的有效性；二是说明基于信号融合的群机器人协调控制方法。故在目标位置设置虚拟信号发生器，根据不同的时间特性发出三种信号。然后，在子区域♯1～♯6中设置一系列检测点作为机器人位置。当目标发出 3 种信号时，研究不同区域机器人各自独立检测融合目标信号的结果。假设检测持续足够长时间，此时间以信源编码的全排列至少出现一次为准。然后，根据不同位置机器人得到的目标信号融合结果研究距离与融合值的关系。

7.5.1　信号发生

用有风点源的 Gaussian 烟羽模型、无线射频电磁波的对数正态扩散模型及声音的室内声能衰落模型建立多源异类信号的传播环境，并分别结合3 种信号的连续性、周期性和间歇性等时域特点在目标处发出信号。考虑给定具有强度参数 λ 的泊松过程的特性。事件出现的间隔时间服从均值为 $\frac{1}{\lambda}$ 的指数分布。可按经验设置该间隔值，譬如，可将其上下限分别设为 0.01 和 0.001，即 $\lambda_C \in (0.001, 0.01)$，而无线射频电磁波信号的强度按原始定义确定为 $\lambda_{RF} = 0.133\,3$，这反映了不同种类目标信号各自的时间特性。

7.5.2　测点布置

对于目标在某时刻发出的同样信号，不同位置的机器人检测融合的结果可能有异。为研究此种差异与空间分布的关系，在每个子区域设置一个测点，其位置见表 7-3。各测点分别放置一个机器人并令其保持静止，机器人编号与所在测点编号一一对应。测点坐标显示，各点距目标的远近不同。但有两个测点虽然位于不同区域，它们与目标的距离却设置为相同的，这是为了研究融合值与距离的关系之外的其他因素对融合值的影响。

表 7-3　信号传播环境中的测点布置（目标位置（0,0））

子区域♯	1	2	3	4	5	6
测点坐标	(100,40)	(150,0)	(40,0)	(20,0)	(0,35)	(0,20)
与信源距离	108	150	40	20	35	20

7.5.3　参数设置

这里用表 7-4 所示的参数配置进行融合算法的仿真。为便利起见，采用绝对定位机制，目标固定于（0，0）处，6 个测点按表 7-3 中的坐标值布置。在足够长时间内，令各个测点的机器人各自独立地检测融合目标信号，要求目标发出的 $2^3=8$ 种信号编码各至少出现一次。群机器人系统的仿真参数则沿用第三章设置。

表 7-4　仿真参数设置

符号	意义	取值
a	信息熵权重系数	1
b	定位性质权重系数	0.001
c	定位精度权重系数	1
λ_{RF}	电磁波发射速率参数	0.015 6
λ_C	呼救声发出速率参数	0.205 5

7.5.4　结果与讨论

结合信号融合算例，用所得的仿真结果验证融合方法的有效性，并以此为基础确定最优位置，在群体智能原则下协调控制群机器人搜索目标。

1）信号融合

给定 3 种异类信号的主要传播参数设置。信号的传播模型与检测模型分别采用同一个模型，即如式（7-4）所示的连续有风点源的 Gaussian 烟羽模型、式（7-5）所示的无线射频电磁波的对数正态分布模型以及式（7-6）所示的声音传播模型。

设置的模型参数分别列于表 7-5 至表 7-7。

表 7-5　Gaussian 烟羽模型参数

符号	意义	取值
d_{min}	参考距离	1 m
d_{max}	检测半径	200 m
u	风速	1 m/s
Q	源强	1 kg/s

假设大气稳定度为 F 级，可知 $x \leqslant 1\,000$ m 时系数 $a_1 = 0.929\,418$，$b_1 = 0.055\,363\,4$，$a_2 = ,\ 0.784\,400$，$b_2 = 0.062\,076\,5$。进一步计算可得 $x_{min} = 1$ m 时，有 $C_{max}(x, 0, 0, 0) = 1.789\,9$；$x_{max} = 200$ m 时，有 $C_{min}(x, 0, 0, 0) = 0.010\,5$[142]。在不同测点的检测结果可分别求得，$x = 2\,040\,150$ m 时，$C(x, 0, 0, 0) = 0.545\,8, 0.166\,4, 0.017\,3$ 归一化值 $Nm_{GAS} = 0.300\,8, 0.087\,6, 0.003\,8$。

考察射频电磁波。当 $d_1 = 20$ m，$P_1 = 74.812\,1$ dB，归一化值 $Nm_{RF}(1) = 0.213\,0$；$d_2 = 35$ m，$P_2 = 70.106\,8$ dB，归一化值 $Nm_{RF}(2) = 0.066\,0$；$d_3 = 40$ m，$P_3 = 68.984\,1$ dB，归一化值 $Nm_{RF}(3) = 0.030\,9$。

表 7-6　电磁波对数正态分布模型参数

符号	意义	取值
d_{min}	参考距离	1 m
d_{max}	检测半径	45 m
P_{max}	最大强度	100 dB
P_{min}	最小强度	67.993 8 dB

考察呼救声音。当 $d_1 = 20$ m，$g_1 = 0.079\,8$，归一化值 $Nm_{CALL}(1) = 0.012\,2$。于是，可构造权矩阵，见式（7-18）。取表 7-4 中的设置值 a，b，c 时，可求得形如式（7-19）所示的权向量。各测点接收到的关于信源的特征向量见表 7-8；得到的各测点关于信源的特征向量，见表 7-9；而据此求得的异类信号融合值和基于融合值的最优位置评估，见表 7-10。

表 7-7　声音传播模型参数

符号	意义	取值
α	声能衰减系数	1.15
g	传感器增益	2.50
d_{min}	参考距离	1 m
d_{max}	检测半径	30 m
y_{max}	最大声音	2.5
y_{min}	最小声音	0.05

$$w = (w_{\text{GAS}}, w_{\text{RF}}, w_{\text{CALL}})^{\text{T}}$$

$$= \begin{bmatrix} 0 & 0 & 0.008\,7 \\ 0.070\,6 & 1 & 0.008\,7 \\ 0.929\,4 & 1 & 0.116\,7 \end{bmatrix} \begin{bmatrix} a \\ b \\ c \end{bmatrix} \tag{7-18}$$

$$w = (0.008\,7, 0.080\,3, 1.047\,1) \tag{7-19}$$

表 7-8　各测点检测结果

信源编码	信号	#1	#2	#3	#4	#5	#6
000	GAS	0	0	0	0	0	0
	RF	0	0	0	0	0	0
	CALL	0	0	0	0	0	0
001	GAS	0	0	0	0	0	0
	RF	0	0	0	0	0	0
	CALL	0	0	0	0.012 2	0	0.012 2
010	GAS	0	0	0	0	0	0
	RF	0	0	0.030 9	0.213 0	0.066 0	0.213 0
	CALL	0	0	0	0	0	0
011	GAS	0	0	0	0	0	0
	RF	0	0	0.030 9	0.213 0	0.066 0	0.213 0
	CALL	0	0	0	0.012 2	0	0.012 2
100	GAS	0	0.003 8	0.087 6	0.300 8	0	0
	RF	0	0	0	0	0	0
	CALL	0	0	0	0	0	0
101	GAS	0	0.003 8	0.087 6	0.300 8	0	0
	RF	0	0	0	0	0	0
	CALL	0	0	0	0.012 2	0	0.012 2
110	GAS	0	0.003 8	0.087 6	0.300 8	0	0
	RF	0	0	0.030 9	0.213 0	0.066 0	0.213 0
	CALL	0	0	0	0	0	0
111	GAS	0	0.003 8	0.087 6	0.300 8	0	0
	RF	0	0	0.030 9	0.213 0	0.066 0	0.213 0
	CALL	0	0	0	0.012 2	0	0.012 2

表 7-9 不同测点处获取的信源特征向量

信源编码	#1	#2	#3	#4	#5	#6
000	(0,0,0)	(0,0,0)	(0,0,0)	(0,0,0)	(0,0,0)	(0,0,0)
001	(0,0,0)	(0,0,0)	(0,0,0)	(0,0,0.012 2)	(0,0,0)	(0,0,0.012 2)
010	(0,0,0)	(0,0,0)	(0,0.030 9,0)	(0,0.213 0,0)	(0,0.066 0,0)	(0,0.213 0,0)
011	(0,0,0)	(0,0,0)	(0,0.030 9,0)	(0,0.213 0,0.012 2)	(0,0.066 0,0)	(0,0.213 0,0.012 2)
100	(0,0,0)	(0.003 8,0,0)	(0.087 6,0,0)	(0.300 8,0,0)	(0,0,0)	(0,0,0)
101	(0,0,0)	(0.003 8,0,0)	(0.087 6,0,0)	(0.300 8,0,0.012 2)	(0,0,0)	(0,0,0.012 2)
110	(0,0,0)	(0.003 8,0,0)	(0.087 6,0.030 9,0)	(0.300 8,0.213 0,0)	(0,0.066 0,0)	(0,0.213 0,0)
111	(0,0,0)	(0,0.003 8,0)	(0.087 6,0.030 9,0)	(0.300 8,0.213 0,0.012 2)	(0,0.066 0,0)	(0,0.213 0,0.012 2)

表 7-10　最优位置选举结果

信源编码	$fusion(1)$	$fusion(2)$	$fusion(3)$	$fusion(4)$	$fusion(5)$	$fusion(6)$	最优位置
000	0	0	0	0	0	—	
001	0	0	0	0.012 8	0	0.012 8	(20,0)或(0,20)
010	0	0	0.002 5	0.017 1	0.005 3	0.017 1	(20,0)或(0,20)
011	0	0	0.002 5	0.029 9	0.005 3	0.029 9	(20,0)或(0,20)
100	0	3.306 0e−005	7.621 2e−004	0.002 6	0	0	(20,0)
101	0	3.306 0e−005	7.621 2e−004	0.015 4	0	0.012 8	(20,0)
110	0	3.306 0e−005	0.003 2	0.019 7	0.005 3	0.017 1	(20,0)
111	0	3.306 0e−005	0.003 2	0.032 5	0.005 3	0.029 9	(20,0)

各测点机器人独立检测融合的目标信号结果如图 7-8 所示。这里，Source＝000 表示信源侧信号 GAS，RF，CALL 均未发出，余者类推。

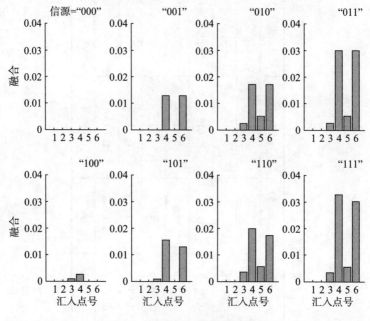

图 7-8   异类目标信号融合结果

由目标信号感知事件检出和信号融合结果可以发现，融合值越大，测点距目标的距离越近。对于测点♯4 和♯6 来说，尽管二者与目标的距离相等，但在信源信号 Source＝001，010，011 等情形下的融合结果一致，而在 Source＝101，110，111 等情形下则得到不同结果。这可以理解为目标信号时域特性的影响。同时，信号感知事件隐含了作用距离的影响。对于信源发出的同样信息，在某些子区域可以检出信号，但在其他区域则不能检出，该现象可视为目标与机器人虚拟通信过程中因信道扰动造成的信息损失。另外，信号融合结果受统计特性即信源熵的影响。以典型信源典型信息为例，当信源发出信号（GAS，RF，CALL）＝111 时，在子区域♯4内检出感知事件为 111，而在子区域♯6 中则检出感知事件 011。最后，信号融合结果受定位类型和定位精度影响。仍以信源发出的典型信息为例，当信源（GAS，RF，CALL）＝111 时，在子区域♯4 内检出感知事件 111，综合定位类型和精度影响，此时的融合值为 0.032 5。

2）异类信号融合条件下的目标搜索

采用扩展的微粒群算法模型作为群机器人系统模型，并用同样方法作为群机器人的协调控制工具在异类信号融合条件下进行目标搜索的仿真实验。由于信号融合算法可以根据信号的时空分布特性有效区分位置优劣，故在此条件下可以完成目标搜索任务，图 7-9 所示为典型的目标搜索轨迹。

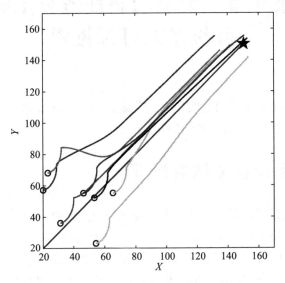

图 7-9　信号融合条件下的群机器人目标搜索轨迹

7.6　总结

基于扩展微粒群算法模型的群机器人协调控制，位置评估是必需的。为确定最优位置，用机器人所处位置在特定时刻反映目标特征信息的水平作为评估依据。针对多源异类目标信号，将机器人检测目标信号的过程建模为虚拟通信过程。将检测得到的信号处理为关于目标的特征信息编码，用目标和机器人之间的通信过程来描述信号检测。模拟信号传播环境中的仿真实验，揭示了信号融合值与距离的近似关系，表明信号融合算法适合于扩展微粒群算法模型作用下的群机器人目标搜索协调控制。

第8章　要求动态任务分工的群机器人目标搜索

　　群机器人搜索多个目标时，并行化地同时搜索效率最高。本章研究非结构化环境中群机器人的动态任务分工方法。

8.1　多目标搜索研究述评

　　目标搜索是群机器人学的基准问题之一[17,80]。按照搜索主体与搜索目标间的相对数量关系，可将群机器人目标搜索问题分为单目标搜索和多目标搜索，多目标搜索为一般情形。关于单目标搜索的群机器人协调控制研究较多。譬如，Pugh等对机器人与微粒的特征异同进行比较，将微粒群算法扩展后，作为建模工具和协调控制工具用于群机器人的协调控制[55]。Doctor等用微粒群算法进行的目标搜索研究，着重关注算法参数的优化[156]。Jatmiko等将微粒群算法用于多机器人的烟羽探测和追踪控制，采取特殊通信策略，研究微粒群算法用于群机器人目标搜索时的系统规模伸缩性[133]。Marjovi等对基于微粒群算法的协同搜索和梯度搜索法进行比较研究，发现协同搜索效率较高[157]。不同于单目标搜索，群机器人中的所有成员均针对唯一的目标协同工作[158]。在多目标搜索中，成员机器人须首先确定自己的搜索对象，即通过任务分工将群机器人分成若干个子群，子群再分别针对各自的目标并行化地同时搜索[159]，以提高综合搜索的效率。如现实灾害环境中，往往存在多个目标，从目标角度看，顺序搜索或串行搜索的效率低，往往延误搜救的最佳时机。因此，群机器人的多目标搜索更具普遍意义。在该问题中，多目标的自组织任务分工是关键的[160,161]。任务分工采用的方法有直接搜索法、基于策略的学习法、演化法、行为法、市场法[162]、线性规划法、情感招募法、群体智能法及空置链调度法[163]等。特别地，在基本阈值法基础上，Zhang等引入蚁群算法，提出一种基于群体智能方法的自适应任务分配策略，通过高层简单的自增强学习模型，对异类任务产生稳定、灵活的任务分工；底层则应用蚁群算法使机器人协作完成同类任务[164]。这里，所有机器人面对的任务相同。然而，由于机器人的有限感知和局部交互特点，决定了机器人面对的任务不会彼此严格相同[165]。Derr 对此进行了研究。他围绕嘈杂无线电信号传播环境中的多目标搜索问题，根据搜索伊始机器人检测到的记录着手机编码的 RF 信息将机器人分组，各小组针对特定目标基于群体智能方法协调控制，而不考虑搜索过程中目标和环境的动态变化及小组之间的协调[166]。

　　针对非结构化动态环境中搜索主体与搜索目标的变化，本章以基于响应阈值的任务分工模型[167]为基础，研究带动态调节的自组织任务分工的群机器人协调控制。

8.2　问题描述

可用四元组 $\langle R,E,T,S\rangle$ 来描述[157]群机器人多目标搜索问题：

(1) 搜索主体（R）：成员机器人 $R=\langle I,B,C\rangle$；

(2) 搜索对象（T）：目标 $T=\{Tgt_i,i=1,\cdots,m\},m>1$；

(3) 群机器人（S）：$S=\{R_j,j=1,\cdots,n\},n\gg m$；

(4) 搜索环境（E）：封闭 R^2，非结构化，动态。

这里，n 个同构的自治机器人作为搜索主体组成群机器人，它们均具备有限的环境感知、自身定位及局部通信等能力。其中，机器人配置的传感器套件能检测出目标所携通信装置发出的 RF 信号，获得感知环境的能力；交互能力则由通信邻域结构决定，取决于机器人的最大通信半径，同一通信邻域的机器人方能就各自的定位信息和对环境的感知信息进行交互；机器人在某种定位机制下可自我定位，获得自身相对于环境的位姿。I 是机器人检测得到的直接可视目标和通过交互从邻居机器人处获得的间接可感知目标的集合；B 是机器人的自主决策行为，根据自身对环境的感知信息和交互信息，自主生成决策后执行；C 表示机器人之间的协作；群机器人的任务集 T 即待搜索任务集。

　　搜索主体与搜索对象的相对数量关系可知，多目标搜索模式中，群机器人协同搜索多个目标。多目标搜索强调并发协同，以提高搜索效率。即每个目标分别由一个子群负责搜索。因此，多目标搜索须首先进行任务分工，即机器人通过环境感知和通信交互，自主决策意向目标，具有相同意向的机器人自组织地缔结成子群联盟。子群模式形成后，机器人分别在所属的子群框架内针对共同目标展开协同搜索。

8.3 基于响应阈值的任务分工原理

由于群机器人具有功能分布、空间分布和时间分布等特点，对于群机器人承担的多目标搜索任务来说，须分解为多个子任务，以便并行化地同时工作提高效率[168]。在群体智能方法框架内，任务的分解是由成员机器人自主完成的[161]。所有成员机器人各自独立地确定子任务后，即在群机器人层面上完成了一次任务分工。

8.3.1 多任务分工模型

将一个目标的搜索视为一个元任务（meta task），则存在多个目标的搜索任务。机器人可自主决定自己参加的元任务。应注意，一个元任务允许多个机器人同时参加。此时，针对特定目标搜索的多个机器人需要协同工作。假设目标在环境中持续发出某种恒定信号，信号对机器人产生激励作用，机器人是否响应取决于响应概率评估的结果，当越过响应阈值时将参加该任务[167]。响应概率评估采用式（8-1）描述：

$$p(i,j) = \frac{I_j^2}{\sum\limits_{k=1}^{m} I_k^2}, \forall j,k = \{1,2,\cdots,m\} \tag{8-1}$$

式中，I_j 是机器人 R_i 检测到目标 T_j 的信号强度，其能够检出信号的目标数量为 m。机器人 R_i 响应目标 T_j 激励的概率是 $p(i,j)$。设响应阈值为 p_{min}，则当 $p(i,j) > p_{min}$ 时，R_i 选择 T_j 作为自己的任务。所有机器人均基于同样的概率原则对各自检测到的任务激励进行独立评估，并自主确定一个目标作为任务后，一次群机器人多任务分工过程即告完成。

8.3.2 任务激励

作为人工群体系统，群机器人中的成员机器人能感受到的任务激励，是通过各自独立配置的传感器分别检测得到的。假设目标能够在搜索环境中持续发出能量恒定的信号，则在传感器的最大检测范围内，机器人能够检出目标信号。设目标信号的检测模型[55,169]如式（8-2）所示。

$$I(d) = \begin{cases} 0, & d > R_{max} \\ \dfrac{\lambda P}{d^2} + \eta(\ ), & \text{其他} \end{cases} \tag{8-2}$$

式中，P 为目标发出的恒定信号功率；d 为目标与机器人之间的距离；λ

为对传感器检测到的信号进行调理时的增益系数；I 为传感器检测到的目标信号强度，可视其为机器人位置的函数，设检测阈值为 I_{min}，则 $I_{min} = I(R_{max})$；$\eta()$ 为检测过程中的随机扰动值。可见，当机器人与目标的距离超过最大检测半径 R_{max} 时，目标信号无法检出。

不难注意到，由于群机器人中所有的成员均基于同样的概率原则自主选择并确定自己的任务，机器人检测到目标的信号强度越大，该目标对机器人产生的激励越强，目标得到机器人响应的概率越大，其占用的机器人资源越多。这样，其他待搜索目标占用的机器人资源自然就越少。由于子群中机器人过少不利于协同工作，机器人资源配置的过度失衡，将降低综合搜索效率。开环控制无法对不合理的分工进行动态调整，因此要引入调节环节来改善配置失衡现象，就要解决反馈量度量和比较运算问题[170]。

8.4　带闭环调节的动态任务分工

在现有多任务分工基础上引入闭环调节。即在群机器人系统层面上，考察一次分工的结果，针对各个子群内的机器人资源配置水平进行度量，加以评估后将结果作为负反馈引入分工模型，建立机器人的退盟和二次加盟机制，通过部分机器人在不同子群之间的迁移实现动态调节。

8.4.1　个性化任务集构造

从成员机器人的角度看，基于响应阈值的任务分工，是按概率原则从多个备选任务中自主确定一个自己参加的子任务。概率的评估直接源于任务的激励，而备选任务是机器人通过直接检测目标信号得到的[169]。由于机器人所配传感器检测能力的限制，可将任务激励的概念加以扩展。即除了机器人能直接检出信号的目标之外，亦可通过邻域通信，间接获得邻居机器人能检出信号而自己不能检出的目标信息，扩大自己的认知范围。这样，机器人可在直接检测信号和间接认知信息基础上构造自己的个性化任务集，从中自主选择意向目标作为自己的搜索任务。注意，由于搜索对象、搜索主体以及搜索环境的动态变化，决定了个性化任务集是动态变化的，某时刻任务集的构建过程如图 8-1 所示。这里，$T_j(j=1,2,3)$ 表示目标，$R_i(i=1,\cdots,6)$ 表示机器人，箭头表示其运动方向。与机器人同心的两个圆中，阴影表示机器人所配传感器的检测区域，虚线表示其最大通信半径。若机器人能够直接检测目标信号，获得目标的感知信息，称为 I 类目标，相应的任务称为 I 类元任务，如图 8-1 中的，T_1，T_3 之于机器人

R_1，T_2 之于机器人 R_2。若机器人由于内部传感器的能力限制，无法直接检出目标信号，但能够通过邻域通信，借助位置更好的邻居机器人的检测，获得关于目标的认知，称为Ⅱ类目标，相应的任务称为Ⅱ类元任务，如 T_1，T_3 之于机器人 R_5，T_2 之于机器人 R_3 和 R_4。这两类元任务的集合称为机器人的个性化任务集。另外，由图 8-1 所示相对位置关系可知，机器人 R_6 无法通过这两条途径获得关于目标的信息产生关于目标的认知，其对应的个性化任务集为空集。图 8-1 所示情形中，各机器人自行构建的个性化任务集见表 8-1。

8.4.2   个性化任务集维护

个性化任务集构造完成后，机器人按照元任务类别及信号激励强度对目标降幂排序并进行动态维护，如图 8-1 所示。

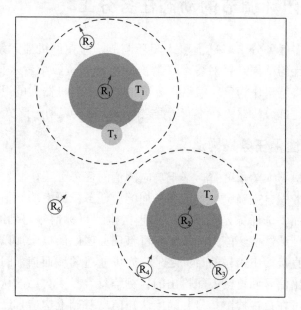

图 8-1   机器人对目标信号的直接检测与间接感知示意

按照目标信号检测模型的定义，由于Ⅰ类目标与机器人之间的距离小于Ⅱ类目标与机器人的距离，即Ⅰ类目标较Ⅱ类目标更具优势，因此规定Ⅰ类目标的优先权大于Ⅱ类目标。排序时，在优先权相同的情况下按激励强度原则降幂排列。亦以图 8-1 为例，个性化任务集维护结果见表 8-1。其中，机器人 R_1 检测到同为Ⅰ类目标的 T_1 和 T_3 的信号强度分别是0.938 9和0.344 2，按照上述规则，T_1 的排序优先于 T_2。

表 8-1　成员机器人的个性化任务集动态构造示例

机器人	感知目标的类型			感知目标的信号强度			个性化任务集	维护结果（降幂）	意向目标	行为决策
	T_1	T_2	T_3	T_1	T_2	T_3				
R_1	I	—	I	0.938 9	0	0.344 2	$\{T_3, T_1\}$	$\{T_1, T_3\}$	T_1	结盟
R_2	—	I	—	0	0.662 3	0	$\{T_2\}$	$\{T_2\}$	T_2	结盟
R_3	—	II	—	0	0.662 3	0	$\{T_2\}$	$\{T_2\}$	T_2	结盟
R_4	—	II	—	0	0.662 3	0	$\{T_2\}$	$\{T_2\}$	T_2	结盟
R_5	II	—	II	0.931 9	0	0.344 2	$\{T_3, T_1\}$	$\{T_1, T_3\}$	T_1	结盟
R_6	—	—	—	0	0	0	ϕ	ϕ	none	漫游

8.4.3　意向目标生成

机器人的个性化任务集构造完成后，将基于概率原则从中自主选取一个元任务，该元任务对应的目标为意向目标。具有共同意向的机器人自组织地结为子群联盟，然后针对该目标进行协同搜索。个性化任务集为空集的机器人无资格参加分工，将以随机漫游的形式搜索，直到通过前述两条途径获得关于目标的认知，并更新自己的任务集为非空。

1）备选目标的确定

群机器人进行多任务分工时，成员机器人自主决定自己参加的任务，而意向目标将从备选目标中确定，备选目标又来自个性化任务集。对个性化任务集维护后，按降幂顺序从中选取有限数量的元任务作为备选。相应的激励强度作为任务分工模型的输入，用来计算评估相应的响应概率，然后由机器人自主确定一个目标作为意向目标。这样处理能够缩短评估时间，简化评估过程，故不拟对任务集里所有目标都进行评估。

2）响应概率评估

仍以图 8-1 情形为例说明。为了提高评估速度，仅从任务集里选择 2 个元任务进行评估。评估时，将机器人检测这 2 个目标的信号强度作为任务激励，依次输入分工模型计算响应概率 $p(i, j)$，基于概率原则确定自己参加的任务。具体操作时，可通过构建目标区间表的方式进行。譬如，机器人 R_1 按降幂从任务集里选择 T_1 和 T_3 作为备选任务后，经式（8-1）计算评估，其对目标 T_1 和 T_3 的激励所产生的响应概率分别为 0.881 5 和 0.118 5，构建的目标选择区间表见表 8-2。令机器人产生随机数 $rand \in$ (0,1)，根据生成的随机数确定所落区间，进而选择意向目标。这样处理，引入了选择意向目标时的随机性。但不难注意到，不确定性程度已经缩小了，而响应阈值的概率原则依然在发挥作用。显然，响应概率评估时计算得到的概率较大者对应的区间较大，响应相应任务的概率亦较大。

表 8-2 机器人 R_1 选择意向目标时所用概率区间表

备选目标	T_1	T_3
响应概率	0.881 5	0.118 5
顺序区间	(0,0.881 5)	(0.881 5,1)

8.4.4 子群联盟缔结

机器人确定意向目标后，具有相同意向的机器人自组织地缔结子群联盟，在子群框架内针对该意向目标协同搜索。否则，采用漫游方式随机搜索。这里假设具有共同意向目标的机器人不少于 2 个，仍以图 8-1 为例。经过本次任务分工后，各机器人确定的意向目标见表 8-3。显然，机器人 R_1 和 R_5 分别选择目标 T_1 作为自己的意向目标，随后各自做出结盟决策，之后自组织地缔结为子群联盟 $1=\{R_1,R_5\}$；同理，机器人 R_2，R_3，R_4 也自组织地缔结针对目标 T_2 的子群联盟 $2=\{R_2,R_3,R_4\}$；由于机器人 R_6 的个性化任务集为空集 $\varnothing$，无备选元任务，无法生成意向目标，则不与其他机器人结盟，其行为决策为漫游。

表 8-3 具有相同意向目标的机器人缔结子群联盟

机器人及其意向目标	R_1	R_2	R_3	R_4	R_5	R_6
	T_1	T_2	T_2	T_2	R_1	none
子群联盟 1 构造 子群联盟 2 构造			$\{R_2,R_3,R_4\}$			
			$\{R_1,R_5\}$			

8.4.5 子群联盟框架内的机器人协同

考虑群机器人目标搜索的作用机理与微粒群算法用于函数优化的作用机理相似性，并考虑理想微粒与机器人物理属性及运动特性异同，可在扩展微粒群算法后，作为群机器人系统的建模工具和协调控制工具[157]。基于扩展微粒群算法的群机器人系统模型[171]可用式（8-3）表示。

$$
\begin{cases}
v_{ij}^{exp}(t+1)=w_i v_{ij}(t)+c_1 r_1(x_{ij}^{*}-x_{ij})+c_2 r_2[x_{(i)j}^{*}-x_{ij}] \\
v_{ij}(t+\Delta t)=v_{ij}(t)+\dfrac{1}{T}[v_{ij}^{exp}(t+1)-v_{ij}(t)] \\
x_{ij}(t+\Delta t)=x_{ij}(t)+v_{ij}(t+\Delta t)\Delta t
\end{cases}
\tag{8-3}
$$

式中，$v_{ij}(t)$ 和 $x_{ij}(t)$ 分别为时刻 t 机器人 R_i 的第 j 维速度和位置；$v_{ij}^{exp}(t+1)$ 为机器人下一时刻的期望速度；Δt 为用来减小机器人移动步幅的因子，因一般情况下机器人须用多个时间步才能从当前位置移动到下一个期望位置。该参数的设置是依据机器人的运动学特性增加的，目的是为了使机器人在质量惯性作用下的运动更为平稳。另外，w_i 为控制算法的惯性因子，可设置为定常的或时变的，此处固定为常数；c_1 和 c_2 分别为机器人的认知加速常数和社会加速常数，r_1 和 r_2 则为区间 （0,1） 内的随机变量。$x_{ij}^{*}(t)$ 是截至 t 时刻机器人自己经历的最好位置，而 $x_{(i)j}^{*}(t)$ 是群体所有成员经历过的最好位置。前者表示成员机器人对目标的认知，后者则表示社会经验，二者一起对机器人的搜索行为产生引导作用。每个子群联盟内的机器人协同搜索时均遵循此控制规律。

8.4.6　机器人位置评估

按照群体智能方法的要求，机器人在有限感知的基础上，通过局部交互涌现智能，完成规定任务。由于群机器人具有功能分布、空间分布、时间分布等特点，在进行群机器人的协调控制时，涉及位置评估、成员机器人的自定位、邻域通信等本质科学问题。其中，位置评估可在前述的目标信号检测基础上进行，即把机器人检测到的目标信号激励强度视为适应值，将其作为标准评估机器人所处位置的优劣，确定机器人的自身认知和所在子群联盟的社会经验。

8.4.7　机器人资源配置水平度量

按照基于阈值响应的任务分工模型，由于机器人倾向于选择优先权高且激励强度最大的目标作为意向目标，这样容易导致某个（些）目标占用机器人资源过多，其他目标占用机器人资源过少甚至得不到机器人响应的现象。针对单个目标搜索的群机器人协调控制研究结果表明，群体内成员过于集中，不利于发挥多样性作用；而群体规模过小，亦不利于协同效率的提高。故理想的任务分工结果是，在保持一定的子群规模前提下，各子群联盟占有的机器人资源大体平衡。以此为依据，引入闭环调节机制，改善机器人在不同子群间的资源配置过度失衡问题。这就要求，首先要对机器人资源配置水平进行度量，度量由成员机器人自行完成。然后对资源配置水平进行评估，评估结果作为负反馈引入分工模型，通过退盟、二次加盟等操作，调节机器人在不同子群间的动态迁移。一般地，要判断子群联盟内机器人的分布是否密集，可采用平均距离法。即机器人分别计算自己与联盟内其他机器人的距离，若平均距离小于安全距离，则认为子群中机器人拥挤。从本质上看，由于子群联盟的建立有赖于邻域通信，而邻域半径即机器人的最大通信半径，故可借助子群联盟的规模间接估计平均距离。这样，通过考察机器人所在子群联盟的规模，简化了机器人资源配置水平的度量。经过大量实验分析，子群联盟的规模边界设置为6时能得到较为理想的搜索效率。

8.4.8　子群联盟内优势地位评估

对机器人的资源配置水平度量后，若判定子群内机器人过多，则需要部分机器人退盟。是否退盟由成员机器人自主决定，其依据是机器人各自评估自己在子群联盟中的优势地位，若地位低下则退盟。实际上，优势地位高低与距离目标的远近正相关。评估可采用前述的位置评估方法进行。若机器人判定自己优势，则不理会是否密集，继续参加协同搜索；若判断自己处于劣势地位，则退出当前子群联盟。至于是否能够加入其他子群联盟，实现动态迁移，要在接受惩罚后视新一轮的响应概率评估结果而定。

子群联盟内机器人的信号激励强度见表 8-4。信号越强意味着机器人距离目标越近，相应的优势地位越高。如前所述，子群规模上限设为6，因此优势排名未进入前6的机器人 R_2 自主退出子群联盟，而排名在前的其他机器人继续参加协同搜索。

表 8-4　子群联盟内的机器人的信号激励强度

机器人	R_1	R_2	R_3	R_4	R_5	R_6	R_7
信号强度	0.881 5	0.118 5	0.324 9	0.258 7	0.374 1	0.684 2	0.552 4
优势地位	1	7	5	6	4	2	3

8.4.9　任务分工的动态调节

基于响应阈值的多任务分工，在自组织机制下发挥作用。若对机器人资源配置水平度量评估后，认为子群内机器人密集，则为了避免机器人资源配置的过度失衡现象，须进行调节。调节涉及如下主要操作。

1）惩罚

机器人在未充分了解自身地位时选择意向目标，做出结盟决策，客观上具有盲目性，而优势地位评估结果对其决策未提供有效支持，故须加以惩罚。令其退出当前子群，短期内不得二次加盟。操作通过引入惩罚算子实现，惩罚算子的设计遵循以下原则：降低退盟机器人对原意向目标的敏感度，从而不响应该目标的信号激励，惩罚算子构造见式（8-4）。这样，抑制退盟机器人重新选择其为备选目标，暂时屏蔽其成为新的意向目标。

$$I_{pun} = k_{pun} I_0 \tag{8-4}$$

式中，I_0 和 I_{pun} 分别表示退盟前后的元任务激励，其中后者是受到惩罚的，$k_{pun} \in (0,1)$ 为惩罚系数。实际操作时，要求 k_{pun} 足够小，使经过惩罚后的信号强度 $I_{pun} \ll I_{min}$。根据响应概率原则，即变相抑制了退盟机器人短期内二次加盟的行为。

2）退盟机制

为了方便叙述，假设子群联盟的规模上限为 R_{max}。当机器人通过邻域通信，感知到子群联盟内的实际成员数量超过 R_{max} 时，即根据子群联盟内广播的信息，评估自己在子群联盟中的优势地位，若优势地位低下，则自行决策退盟。同时，由惩罚事件触发惩罚操作。

3）任务集动态维护

机器人退盟后触发惩罚事件，受到惩罚，随即将当前意向目标从任务集列表中删除，并更新个性化任务集，待下一轮任务分工时进行响应概率评估。这样，在重新选择备选目标、确定新的意向目标时，暂不考虑原来的意向目标。

4）负反馈引入

将机器人的资源配置水平度量作为采样点，将配置水平评估的结果作为反馈量，引入元任务分工模型。为了方便比较操作，引入点设置在流程图中的机器人个性化任务集构造处，由此形成闭环，参见图8-2虚线框内的（Closed-loop）部分。

5）二次加盟

机器人由于优势地位低下而自发退出当前的子群联盟后，受到惩罚，将当前意向目标从任务集列表中删除。之后，按降幂从列表中选择并尝试确定新的意向目标。若符合条件，则可加入具有新的共同意向目标缔结而成的其他子群联盟。然后，再接受新子群联盟的机器人资源配置水平度量和评估。若无共同意向机器人，则以漫游方式随机探索。

6）恢复算子

机器人退盟并接受惩罚后，若经过一定时间，之前放弃的意向目标仍未被原来的子群联盟搜索到，则机器人对该目标的激励强度将随时间逐渐恢复，若重新评估后的结果满足响应概率条件，则可再次加入原子群联盟。恢复算子为

$$I_{rst1} = k_{rst} I_{pun} \exp(T_{now} - T_{pun}) \tag{8-5}$$

式中，I_{rst1} 为随时间恢复的被惩罚激励强度；k_{rst} 为恢复速度因子；T_{now} 为当前时刻；T_{pun} 为退盟并受罚时刻，其他符号意义不变。当激励强度恢复到 $I_{rst1} \geqslant I_{min}$ 时，机器人将重新认定其为 I 类目标，并将其重新纳入自己的任务集；若经过一段时间，当 $I_{rst1} \geqslant I_0$ 时，恢复过程结束。机器人清空惩罚信息，此后按照原激励强度接受响应概率评估，参加意向目标的重新选择，进行一系列后续操作。

这样，便将闭环调节机制引入了基于响应阈值的多任务分工模型。从而使任务分工在仅关注自组织机制的前提下，同时考虑群体工程的应用性需求，通过调节，改善了机器人资源配置的相对均衡性，为提高群机器人并行化地同时搜索多个目标的综合效率创造了条件。

8.4.10　任务分工的鲁棒性

当机器人与多个目标之间的距离相差不大时，这些目标对该机器人的激励程度相近。因此，位于临界检测区域的机器人在多个目标之间的探索可能存在摇摆，由此造成个性化任务集构造维护时的扰动现象，导致任务分工频繁调节，降低了工作效率。为提高任务分工的鲁棒性，须采取措施加以抑制。

1）临界检测区域多目标的扰动

当机器人非因子群联盟规模过大而退盟并遭受惩罚，而是因多个目标的激励强度相近导致频繁选择—放弃—选择同一目标时，则判定为扰动。此时，引入激励缩小机制，缩小被放弃目标的激励强度，使其在一段时间内被任务集列表屏蔽，避免对同一目标的反复选择。直到任务集列表中排位最高的目标与其他备选目标激励强度相差较大时，扰动现象消除。激励缩小算子构造见式（8-6）。

$$I_{lower} = k_{lower} I_0 \tag{8-6}$$

式中，I_{lower} 为缩小后的激励强度；k_{lower} 为缩小因子，要求缩小后的激励 $I_{lower} \ll I_{min}$，其他符号意义不变。

这样，经过信号缩小操作，一段时间内机器人将保持搜索同一个目

标。随着时间推移，经过缩小操作的激励强度逐渐恢复。此时，机器人可能已离开临界区域，在选取意向目标时便降低了产生扰动的几率。信号恢复算子设计见式（8-7）。

$$I_{rst2} = k_{rst} I_{lower} \exp(T_{now} - T_{lower}) \tag{8-7}$$

式中，I_{rst2} 为恢复中的激励强度；T_{lower} 为缩小激励强度的时刻，其他符号意义不变。随着时间的推移，被缩小的信号逐步恢复。后续操作与激励强度受罚的恢复相仿，此不赘述。

2）临界检测区域的探索

当目标位于机器人的临界检测区域时，由于运动的随机性，机器人若背离目标运动，即可能丢失目标信号。为此，引入Ⅰ类目标痕迹机制。当机器人结成子群联盟协同搜索Ⅰ类目标时，将该目标的信息记录入Ⅰ类目标痕迹帧。痕迹帧中只记录机器人最近搜索的那个Ⅰ类目标的信息。Ⅰ型痕迹信息帧的格式可构造为：

目标 ID	I-type	激励强度	认知	子群经验

关于目标信号丢失的判定。子群中位于临界检测区域的机器人若检测到原Ⅰ类目标激励强度低于阈值 I_0，则判定该目标丢失。此时，若任务列表中其他目标均为Ⅱ类，鉴于Ⅰ类目标的优先权高，机器人继续搜索原意向目标。根据从Ⅰ类痕迹信息帧中提取的信息，机器人在自身定位系统作用下运动到上次检出目标信号的位置，原目标找回成功。随之更新Ⅰ类痕迹信息帧，以备下一次目标丢失时使用；若目标丢失时任务集列表中存在其他Ⅰ类目标，则放弃找回原目标，退盟并更新Ⅰ型目标痕迹信息帧。

8.5　算法描述

由于群机器人系统中不存在集中控制机制，任务分工和协调控制均是分布式的。设计控制算法时，须体现功能分布、时间分布、空间分布等特点。算法编码实现后，经过编译下载到各机器人控制器运行。群机器人多目标搜索中带闭环调节的动态任务分工流程如图 8-2 所示。

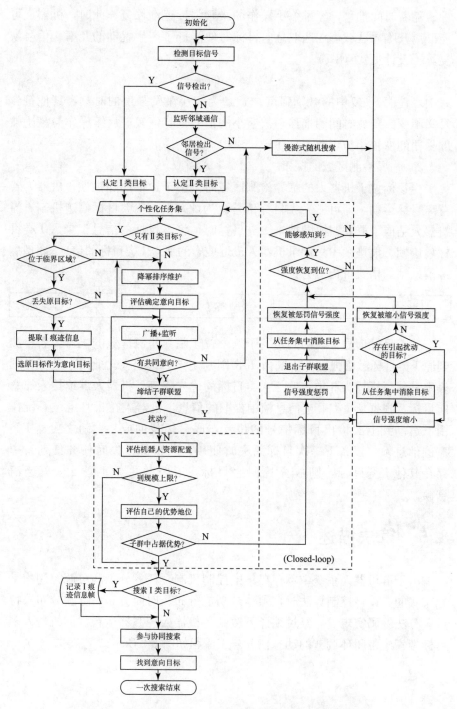

图 8-2 带动态任务分工的群机器人多目标协同搜索流程

8.6　仿真

为了分析群机器人任务分工算法的性能，设计了若干仿真实验。同时，考察采用不同任务集构造模式、非动态调节任务分工策略、以及采用不同的协同搜索策略时的搜索效率，并在 Matlab 环境中进行可视化仿真以做比较。鉴于算法的随机性，各组条件设置下的仿真算法分别重复运行 35 次，然后统计分析相关结果并讨论。仿真参数见表 8-5。

表 8-5　主要仿真参数设置

符号	含义	取值	符号	含义	取值
$L \times L$	搜索空间	$1\,000 \times 1\,000$	N_{max}	子群临界规模	6
R	通信半径	500	k_{rst}	恢复系数	1.5
r	检测半径	100	P	目标信号能量	1 000
N_{obj}	障碍数	5	λ	信号调理增益	10
N_{tgt}	目标数量	10	k_{pun}	惩罚系数	0.000 1
I_{min}	响应阈值	1	T_{max}	最大时间步	1 000
N_{rob}	系统规模	$20 \sim 100$	k_{lower}	缩小系数	0.000 1

8.6.1　结果

仿真分别针对 3 种不同的策略组合模式进行，每种组合中均分别包括任务分工策略和协同搜索策略，而协同搜索策略主要是为了辅助说明不同的任务分工策略的作用效果的，见表 8-6。

表 8-6　采用不同任务分工策略与协同搜索策略的模式

组合模式	任务集构建	分工调节	协同
mode1	I 类元任务	none	none
mode2	I 类元任务，II 类元任务	none	基于 EPSO
mode3	I 类元任务，II 类元任务	动态	基于 EPSO

1）模式 mode1

假设群机器人不存在通信机制，机器人构造个性化任务集时仅依靠自身对目标信号的检测能力，即任务集里只有 I 类目标，然后选择激励强度最大的目标作为意向目标。由于机器人之间不进行通信，即便具有共同意向的其他机器人存在，也不缔结子群联盟，在搜索意向目标时不进行协同，搜索以梯度下降的方式进行。同时，对机器人资源配置水平不进行测量和评估，也不进行任务分工的动态调节。

2）模式 mode2

以机器人的检测能力和邻域通信能力为基础，构造个性化任务集，即任务集里同时包括 I 类目标和 II 类目标。在进行多任务分工时，不采用响应概率计算评估机制，而代之以使用贪婪算法，直接将激励强度最大的目标选为意向目标。具有共同意向目标的机器人缔结子群联盟，并在子群联盟框架内基于扩展微粒群算法模型进行协同搜索。工作过程中，不对子群联盟内的机器人资源配置水平进行测量和评估，也不对任务分工结果进行动态调节。

3）模式 mode3

使用带闭环调节的动态任务分工方法和基于扩展微粒群算法的子群内协同策略。

图 8-3 所示为一次典型的多目标搜索仿真实验截图，显示了搜索主体在障碍环境中同时搜索多个目标的情形。采用 3 种策略组合模式的搜索效率仿真结果如图 8-4 所示；而采用模式 mode3 的一次典型的动态任务分工引起的子群规模变化参如图 8-5 所示。

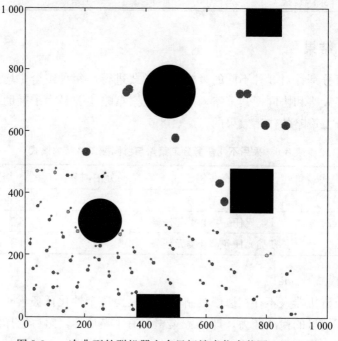

图 8-3　一次典型的群机器人多目标搜索仿真截图（$T=16$）

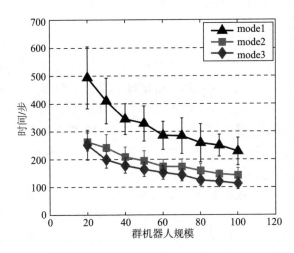

图 8-4　采用不同分工和协同策略的搜索算法的效率比较

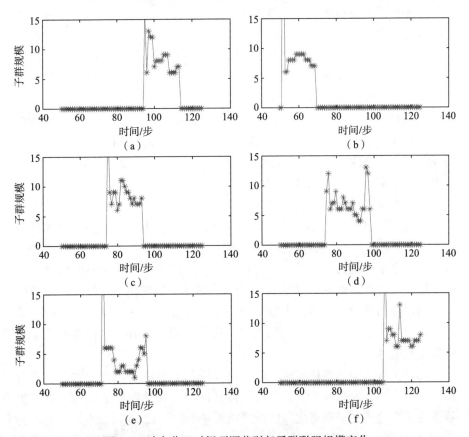

图 8-5　动态分工时闭环调节引起子群联盟规模变化

（a）子群 1；（b）子群 2；（c）子群 3；（d）子群 4；（e）子群 5；（f）子群 6

8.6.2 讨论

仿真结果显示，以子群联盟内的机器人资源配置评估为测点，以退盟和子群间的动态迁移操作为手段，带闭环调节的群机器人多任务分工使机器人资源配置大体平衡，在自组织任务分工基础上，兼顾了群体工程的应用性要求，提高了多目标搜索的综合效率。以本章方法为基础的群机器人协同搜索较作为比较的其他方法具有更高效率，具体分析如下：

1) 动态分工效果

（1）单个子群规模的变化。如图 8-5 所示，各子群联盟内的机器人数量基本在设定的临界值上下波动。这是动态调节的结果。譬如，对于子群 1，其生命周期是 $T=95$ 到 $T=113$。$T=94$ 时，机器人数量为 0。$T=95$ 时，有机器人检出目标 T_1 信号并在邻域中广播，其他未检测到该目标信号的其他机器人也得到关于该目标的认知。之后，16 个机器人分别独立地选择该目标为意向目标，并自组织地结为子群联盟。由于子群规模限制为 6，经过子群联盟内的机器人资源配置水平评估和机器人的优势地位评估，部分机器人自发退出子群联盟。这部分机器人退盟后，同时被施以惩罚，在之后一段时间内不再加入该联盟。于是，可以观察到，$T=96$ 时，子群联盟内的机器人数量为 6，表示仍有 6 个机器人留在联盟内继续协同搜索。而 $T=97$ 时，新的成员加入，机器人数量上升为 13。接下来 $T=98$，$T=99$ 时，机器人数量为 12。在此过程中，子群联盟不断发生动态迁移现象，既有新成员加入，也有旧成员退出。一直到 $T=100$，成员数量下降为 7。接下来的时间步，子群规模持续小范围波动，最高为 9，最低为子群规模边界值 6。$T=113$ 时，机器人成功找到目标，子群解散，成员机器人数下降为 0。子群解散后，原有成员参加新一轮任务分工。对子群 2 到子群 6 等其他 5 个子群进行的分析，有类似结论。但应注意，在子群联盟缔结之前，这个概念并不成立。只是为了考察子群规模的变化，也将子群联盟生命周期之外的其他时刻机器人数变动情况一并显示。这便是所看到的子群联盟规模在整个时间轴上的变化情况。这样处理，也有方便比较 6 个子群联盟变化的考虑。

（2）子群之间的规模变化比较。对不同的子群联盟规模变化情况进行横向比较。可以发现，6 个子群联盟各自进行闭环动态调节后，可以使机器人资源在这些子群联盟之间的配置相对平衡。因此，在时间步 $T=40$ 到 $T=140$ 之间，能够并行化地同时搜索 6 个目标。可见，建立在闭环调节机制基础上的动态任务分工，能使子群联盟之间的机器人资源配置得到相对的动态平衡，确保了各子群联盟有足够的成员机器人进行协同搜索。这使群机器人并行化搜索成为可能，为综合搜索效率的提高提供了保证。

2）任务分工对协同搜索效率的影响

仿真分别针对表 8-6 所示的 3 种组合模式进行。将 10 个目标随机散布在搜索环境中，令群机器人规模为 20，分别在 mode1，mode2，mode3 模式下各重复运行 35 次。然后改变群机器人规模，从 30 到 100 范围内依次以 10 个为梯级递增，再在 3 种组合模式下各重复运行 35 次，然后统计搜索成功所用的时间步，分别求其均值和标准差，结果记录在图 8-4 中。

可以发现，群机器人规模为 30 时，mode1、mode2、mode3 模式下完成搜索的平均时间步分别为 410、242、200。群机器人规模为 50 时，平均时间步分别为 329、195、164。群机器人规模为 80 时，平均时间步分别为 259、159、125。显然，不论群机器人规模大小，具有闭环调节任务分工机制的群机器人搜索所用时间都最短。而随着群机器人规模的增大，采用 3 种模式搜索的平均时间均有缩小趋势。表明带闭环调节的任务分工能够改善搜索效率，而增大群机器人系统的规模可以缩短搜索时间。试对原因进行分析：

（1）mode1 中，机器人仅依靠自身的检测能力获得目标认知，据此构造任务集，进行任务分工，而未能与其他机器人共享社会经验。搜索时仅进行梯度下降式搜索，未能协同工作，因此需要的搜索时间最长，效率最低。表现在搜索进程的前期，机器人的个性化任务集列表为空，此时各机器人进行漫游搜索。在足够接近目标时才能检测到目标信号，获得关于目标的认知，然后从个性化任务集列表中选择意向目标进行梯度下降式搜索，因此，需要较长时间才能在目标认知信息的引导下摆脱漫游状态。而mode2 和 mode3 中，机器人可通过邻域通信提高自己获取关于目标的感知能力，扩大选择意向目标的范围，确定意向目标后，即进行协同搜索，缩短了漫游时间，提高了搜索效率。

（2）mode2 中，机器人依靠自身的检测能力，并在通信机制下与邻居机器人共享社会经验。构造个性化任务集后，完成意向目标的选择和子群联盟的缔结，并在子群联盟框架内，使用群体智能方法进行协同搜索，因此，比 mode1 的搜索效率高。但由于任务分工不存在调节机制，造成机器人资源在不同子群联盟之间的配置失衡，影响了搜索效率的进一步提高，其算法表现逊于 mode3。

（3）mode3 中，机器人通过直接检测目标信号获得目标认知，再通过邻域通信扩大自己的目标认知范围。构造个性化任务集后，使用响应概率评估模型选择意向目标，在与具有共同意向的其他机器人自组织地缔结子群联盟后，对子群联盟中的机器人资源配置水平进行度量和评估，发现配置失衡时，在退盟-二次加盟机制作用下实现不同子群联盟间的动态迁移，避免了机器人资源配置失衡，保证了子群框架内的协同效果。当发现机器人在多个激励强度相近的目标之间摇摆时，在目标激励缩小机制作用下，从个性化任务集里暂时清除造成扰动的目标，消除扰动现象，不使调节频繁发生，增大有效工作时间。当发现机器人由于位于临界检测区域而丢失目标时，借助从 I 型目标痕迹信息帧中提取的历史数据，找回原目标。这些机制与策略综合作用，保证了群机器人任务分工的自适应性，提高了任务分工的鲁棒性。

8.7　总结

非结构化动态环境中，在机器人的有限检测能力和通信能力约束条件下，本章所提方法既体现了群体智能方法的自组织特点，也兼顾了群体工程的面向应用的需求。这为子群框架内基于扩展微粒群算法模型进行的协同搜索控制奠定了基础。针对现有的基于响应阈值分工模型的开环控制特点，通过引入机器人资源配置水平度量和评估以及退盟-二次加盟机制，实现了动态的自组织任务分工，并基于动态分工进行群机器人的协调控制。

第 9 章　考虑行为协同的
群机器人目标搜索

群机器人并行化地同时搜索多个目标时，子群之间和子群内部均存在协同。针对子群协同中存在的合作关系和竞争关系，研究其行为协同控制方法及策略。

9.1　群机器人行为协同研究述评

群机器人目标搜索分为单目标搜索和多目标搜索，前者系特殊情形。就控制群机器人进行单目标搜索的方法而言，有明确规划机器人行为的意图合作式方法[38]，例如梯度下降法和博弈论法等；有通过智能行为涌现来完成规定任务的涌现合作式方法[163]，例如扩展微粒群算法和萤火虫算法等。其中，涌现合作式方法的效率较高。单目标协同搜索仅在个体层面发生，本质是细粒度协同，目前已进行了较为充分的研究。譬如，Pugh 等将微粒群算法扩展后用于群机器人协同[55]，主要关注建模方法；Tang 和 Eberhard 用微粒群算法进行的目标搜索研究，着重关注算法参数优化[172]；Hereford 和 Siebold 采用特殊的通信策略，研究微粒群算法用于群机器人目标搜索时的系统弹性[173]；Xue 等研究通信交互模式对基于扩展微粒群算法模型的搜索效率影响[171]。多目标搜索涉及任务分工、子群划分和群机器人协同等环节。为了提高搜索效率，可在基于响应阈值进行任务分工的基础上加入闭环调节机制[174]，完成任务分工后划分子群。而群机器人协同在两个层次上进行，底层是子群内成员之间的细粒度协同，上层是子群之间的协同[175]。由于子群内的机器人在某时刻仅参加针对单个特定目标的搜索，故子群内协同多沿用已有的单目标协同方法。譬如，Derr 和 Manic 的研究中，机器人通过检测目标信号强度确定待搜索的意向目标，据此进行任务分工并缔结子群联盟，子群内基于微粒群算法原理协同搜索，子群之间不进行协同，也不存在子群规模调节机制[166]。Couceiro 等将群机器人划分为若干个子群，以子群为单位进行任务分工，按照达尔文微粒群算法进行协同搜索[176]。子群成员之间按照微粒群算法进行细粒度协同，子群规模则在奖惩机制下调节，表现好的子群得到奖励，表现差的子群受到惩罚。子群调节的本质，源于任务分工的动态调节，子群之间的交互也限于子群规模缩放、从旧子群中分裂产生新子群[177]以及子群解散后机器人漫游搜索等方面。因其未将子群视为独立的逻辑个体，基于信息共享进行粗粒度协同，这样容易引发因争夺目标导致的空间冲突。因此，围绕子群协同过程中的合作和竞争关系，开发相应的协同控制策略，设计控制算法。

9.2   粗粒度协同模式

协同建立在任务分工基础上[174]。即通过自组织的任务分工，将群机器人分为若干个子群，搜索目标时，在群机器人框架内进行子群间的粗粒度协同；而在子群框架内进行成员机器人之间的细粒度协同。根据粗粒度协同的方式和特点，再将其细化为合作协同和竞争协同。无论何种模式，要进行协同工作，均须解决通信交互问题。

9.2.1   合作协同

1）子群发言人确定

确定发言人应基于如下原则：一要满足自组织机制，二能进行动态调节。机器人同构性决定了确定发言人时只需考虑其所处位置，因其决定了发言人与其他子群交换信息的能力。该原则类似于细胞生物学中干细胞所处位置间接决定其分化方向[178]。关于机器人所处位置，可引入子群质心概念度量。发言人选择子群内距离质心最近的成员机器人充任。若存在 2 个或以上的成员与质心距离最近且相等，则选择优势地位最高的成员作为发言人[179]。能够直接检测到目标信号的称为 I 类机器人；不能直接检测但可以通过邻居间接感知目标的称为 II 类机器人。默认 I 类机器人的优势地位高于 II 类。若为同类机器人，则检测信号强度越大优势地位越高。其本质是优势地位越高的成员距离目标越近，充任发言人有利于子群交互。若经过评估，仍有 2 个或以上的成员优势地位相等，则随机选择其一充任发言人。若下一时刻仍有多个机器人优势地位相等，则沿用原发言人。质心位置按式（9-1）确定：

$$y_j^k(t) = \frac{1}{n_k} \sum_{i=1}^{n_k} x_{ij}^k(t), \ \forall \ i = \{1, 2, \cdots, n_k\} \tag{9-1}$$

式中，$x_{ij}^k(t)$ 为 t 时刻子群 k 中机器人 R_i 的第 j 维位置；$y_j^k(t)$ 为该子群质心的第 j 维位置；n_k 为子群 k 规模。子群成员机器人根据子群共享信息独立评估所有成员与质心距离，如式（9-2），并基于距离原则遴选子群发言人。

$$d_i^k(t) = \sqrt{\sum_{i=1}^{n_j} \left[x_{ij}^k(t) - y_j^k(t) \right]^2}, \ \forall j = \{1,2,\cdots,n_j\} \tag{9-2}$$

式中，$d_i^k(t)$ 为 t 时刻子群 k 中机器人 R_i 到质心的距离[179]；n_j 为空间维度，此处取 $n_j = 2$。子群选举发言人的过程示意如图 9-1 所示。

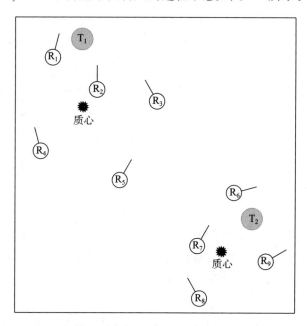

图 9-1　子群发言人选举示意

图 9-1 中，框内范围表示子群的分布区域，T_1 和 T_2 表示两个目标，$R_i(i=1,2,\cdots,9)$ 表示机器人，箭头表示其运动方向。按照子群划分原则，在图 9-1 所示状态下，机器人 R_1,R_2,R_3,R_4,R_5 的意向目标为 T_1，在左上方结成子群 1；机器人 R_6,R_7,R_8,R_9 的意向目标为 T_2，在右下方结成子群 2。两个子群的质心位置同时示出。子群 1 中机器人 R_2 距质心最近，故自主决策担任发言人并广播。子群内其他成员机器人评估后取得共识，承认其发言人地位。同理，机器人 R_7 担任子群 2 的发言人。

2）子群信息采集

子群发言人确定后，即在子群框架内采集成员信息、本子群意向目标信息以及子群成员检测到的关于其他目标的信息。信息保存在记录表中，信息项见表 9-1。以图 9-1 中的子群 1 为例，发言人 R_2 首先以自己检测的关于目标的信息建立记录表，接着依次采集子群成员关于目标的信息，若其他成员感知信号强度大于记录表中数据，则更新记录表。这样，记录表中信息即最终成为本子群关于目标的最优信息。

表 9-1 发言人持有的子群最优记录

待搜索目标	子群 1		子群 2	
	T_1	T_2	T_1	T_2
最强信号	93.644 6	27.755 1	8.326 5	96.577 9
最优成员	R_1	R_5	R_6	R_6
最优位置	(15,93)	(39,48)	(83,36)	(83,36)
最远成员	R_5	—	—	R_8
最大距离	56	—	—	32
当前子群规模	5	—	—	4
招聘名额	1	—	—	2

对于子群 1，其意向目标是 T_1，机器人 R_1 拥有最强信号和最优位置。机器人 R_5 是距 T_1 最远的子群成员，其值 56。若子群外的某漫游机器人距最优位置小于该值，表明该漫游机器人较 R_5 更具优势，则令 R_5 退出子群，并招聘漫游机器人作为子群新成员。招聘数量按式（9-3）所示原则确定：

$$M^k(t)=\begin{cases}N_{\max}-N_c^k(t),&N_c^k(t)<N_{\max}\\0,&N_c^k(t)\geqslant N_{\max}\end{cases}\tag{9-3}$$

式中，$N_{\max}$ 为子群规模上限；$N_c^k(t)$ 和 M^k 分别是时刻 t 子群 k 中子群规模和招聘名额。由于 T_2 非本子群的意向目标，故不记录其关于最远成员、最大距离、当前成员和招聘名额等信息。最优记录表随时间更新。须注意，当发言人变更时，将最优记录表转交新发言人持有。意向目标搜索完成、子群解散时，由最后一任发言人删除最优记录表。

3）子群通信

发言人采集信息并创建、更新最优记录表后，即封装信息帧并广播，信息帧可设计为[179]：子群号 ＋ 发言人编号 ＋ 发送时刻 ＋ 最优记录表。其他子群发言人接收到广播信息后解析，并更新自己持有的最优记录表。

更新规则为

$$\begin{cases} I_{ik}(t+1)=\max\{I_{ik}(t),I_{ak}(t),I_{bk}(t)\} \\ x^{*}_{(i)jk}(t+1)=f[I_{ik}(t+1)] \end{cases} \tag{9-4}$$

式中，$I_{ak}(t)$ 为 t 时刻子群 i 的所有成员检测到目标 k 的最强信号；$I_{ik}(t)$ 为其发言人持有的记录表中关于目标 k 的最强信号；$I_{bk}(t)$ 为接收到其他子群记录表中关于目标 k 的最强信号。发言人从中选出最大者确定为子群 i 在 $(t+1)$ 时刻的关于目标 k 的最强信号 $I_{ik}(t+1)$。f 表示最大信号强度 $I_{ik}(t+1)$ 与最优位置 $x^{*}_{(i)jk}(t+1)$ 的映射关系。实际上，更新是以信号强度这一评价标准为基础的。故从形式上看，记录表中的最优记录虽然是向量，但参与运算的仅是信号强度对应的维，本质仍是标量运算。

4）信息分发

一般地，发言人收到其他子群的信息并更新最优记录表后发布更新信息。由于子群成员收到的信息不限于当前意向目标，若某成员机器人通过自主决策，认为其他目标更值得选择，则更新其意向目标，并在退盟/加盟机制作用下加入新的子群[174]。而子群附近的漫游机器人，可在某子群招聘新成员时自主决定是否加入。

9.2.2　竞争协同

子群缔结的基础是子群中的成员机器人拥有共同的意向目标。这样，若目标密集分布将导致多个子群集中在该区域搜索，引发空间冲突。为避免空间冲突造成的死锁现象，须考虑子群竞争协同[179]。其思想是，建立承包机制，允许单个子群占有多个目标。具体地，未被感知的目标聚集在某区域时，若某子群的成员接近这些目标，则报告给该子群发言人，发言人查询最优记录表，若发现这些目标信号之前从未在记录表中出现过，可认为多个目标集中于该区域。由于子群距离该区域较近，较其他子群在搜索新发现目标方面更具优势。但此时子群还在搜索现有意向目标，故发言人对所有新出现的目标予以承包并广播。其他子群接收到广播信息后，将不"理会"这些目标，以此实现竞争协同。若漫游机器人接近被承包目标，则允其搜索，但不允许建立子群。该子群对被承包目标按照串行方式逐一搜索，原理如图 9-2 所示。图 9-2 中，$T_j(j=1,2,3)$ 表示目标，$R_i(i=1,2,3,4,5,6)$ 表示机器人，箭头表示运动方向。与机器人同心的两个圆中，阴影表示机器人所配传感器的检测区域，虚线表示最大通信半径。机器人 R_1,R_2,R_3,R_4 同属于一个子群，R_1 是发言人。在搜索目标 T_1 的过程中，R_2 检测到目标 T_2，T_3 并报告给发言人 R_1。R_1 据最优记录表

判断 T_2，T_3 是之前未被感知的目标，故加以承包并广播。子群搜索到 T_1 后，再以串行方式搜索 T_2，T_3，直到搜索完成，子群解散。

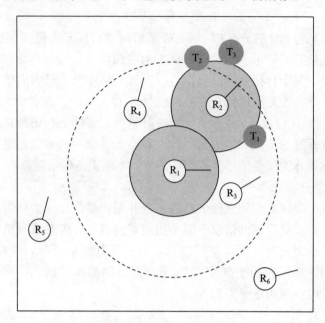

图 9-2　一个子群承包多个目标

9.3　协同策略

针对多个目标并行化地同时搜索可以提高效率，这便要求群机器人协同。协同涵盖粗粒度协同和细粒度协同。粗粒度协同在子群之间发生，细粒度协同则仅在子群内发生。

9.3.1　粗粒度协同

若将子群视为逻辑单元，则粗粒度协同是在群机器人系统框架内进行的子群之间的协同。根据子群之间的关系，可将粗粒度协同进一步分为合作协同和竞争协同。

（1）合作协同。合作协同的基本步骤[179]如下，详细流程如图 9-3 所示。

Step 1：子群成员自组织地确定发言人；

Step 2：发言人建立最优记录表；

Step 3：子群发言人交换信息，并更新各子群的最优记录表；

Step 4：发言人向本子群成员发布更新信息。

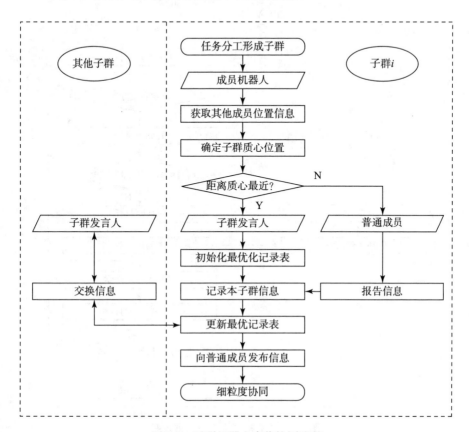

图 9-3　子群机器人合作协同流程

（2）竞争协同。竞争协同通过以下基本步骤[179]实现，详细流程如图 9-4 所示。

Step 1：子群成员机器人发现意向目标之外的新目标后向发言人报告；

Step 2：发言人查询最优记录表、检索接收到的其他子群记录表，确定本子群首先发现这些目标；

Step 3：发言人承包这些目标并广播；

Step 4：其他子群"放弃"这些目标。

9.3.2　细粒度协同

细粒度协同基于扩展的微粒群算法模型[130]，可用式（9-5）描述：

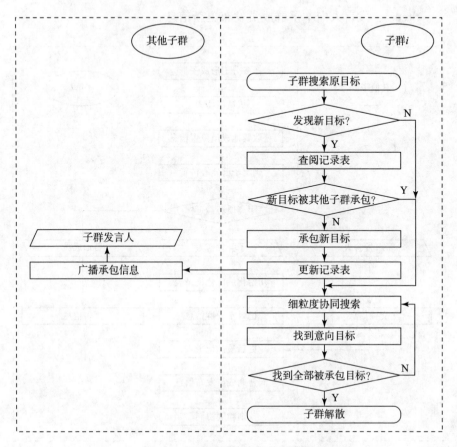

图 9-4　子群机器人竞争协同流程

$$\begin{cases} v_{ij}^{\exp}(t+1) = w_i v_{ij}(t) + c_1 r_1(x_{ij}^* - x_{ij}) + c_2 r_2 [x_{(i)j}^* - x_{ij}] \\ v_{ij}(t+\Delta t) = v_{ij}(t) + \dfrac{1}{T}[v_{ij}^{\exp}(t+1) - v_{ij}(t)] \\ x_{ij}(t+\Delta t) = x_{ij}(t) + v_{ij}(t+\Delta t)\Delta t \end{cases} \quad (9\text{-}5)$$

式中，$v_{ij}(t)$ 和 $x_{ij}(t)$ 分别为 t 时刻机器人 R_i 的第 j 维速度和位置；$v_{ij}^{\exp}(t+1)$ 为机器人下一时刻的期望速度；Δt 为用来减小机器人移动步幅的因子。w_i 为控制算法的惯性因子；c_1 和 c_2 分别为机器人的认知加速常数和社会加速常数，r_1 和 r_2 则为区间$(0,1)$上的随机变量。

注意，$x_{ij}^*(t)$ 是截至时刻 r 机器人 R_i 经历的最好位置，而 $x_{(i)j}^*(t)$ 则是所有机器人经历的最好位置，该信息通过粗粒度协同获得。前者表示成员机器人对目标的认知，后者表示社会经验，二者一同引导机器人的搜索行为。

9.4　算法描述

同时包含粗粒度协同和细粒度协同的混杂粒度协同，扩大了机器人获取信息的范围，有利于机器人动态调整意向目标，优化搜索行为，提高搜索速度[16]。须注意，由于群机器人中不存在集中控制机制，控制算法设计应考虑功能分布和空间分布等要求，如图 9-5 所示。

Algorithm 8　群机器人混杂粒度协同控制
1: **initialize**
2:　　当前时间步$t \leftarrow 0$;
3:　　根据任务分工形成子群联盟;
4: **repeat**
5:　　$t \leftarrow t + 1$;
6:　　**loop** $i = 1...$子群数
7:　　　　**if** 附近存在1个以上子群联盟
8:　　　　**then**
9:　　　　　　与其他子群合作协同，参见图9-3
10:　　　　　　**if** 检测到新目标而其他子群未承包
11:　　　　　　**then** 竞争协同，参见图9-4
12:　　　　　　**else** 竞争协同
13:　　　　**else** 不进行合作协同
14:　　　　子群内部细粒度协同
15:　　**end loop**
16:　　update;
17: **until** 找到全部目标或超过设定时间

图 9-5　考虑混杂粒度协同的群机器人协调控制算法

根据任务分工形成子群联盟的基础上进行群机器人协同控制。粗粒度协同层面上，若子群 i 附近存在其他子群联盟则触发合作协同机制，具体步骤包括发言人确定、信息采集、子群通信、信息分发等过程；若子群 i 检测到新目标而其他子群未承包，则触发竞争协同机制，承包该目标并告知其他子群；细粒度协同层面上，子群成员之间以细粒度合作的方式协同搜索目标。持续这一过程直到找到全部目标则搜索成功，否则，超过设定时间认为搜索失败。

9.5　仿真

为分析比较算法性能，设计了若干实验，并在 Matlab 环境中进行了可视化仿真。鉴于算法的随机性，实验分别在各组条件设置下重复运行 35 次，然后统计所得数据，分析相关结果。

9.5.1　参数设置与评价指标

如表 9-2 所示，仿真参数包括搜索主体、搜索对象以及搜索环境等。用来与本章方法比较的算法有两个：一由 Derr 和 Manic 提出[166]，通过 RSS 权重因子改进微粒群算法，控制群机器人搜索多目标，记为 model1；二由 Couceiro 等提出[176]，将群机器人划分为多个子群后搜索多目标，子群通过奖惩机制动态调节，记为 mode2；本章方法记为 mode3。为方便比较，三种算法采用相同的信号广播方式和避碰策略，仿真参数设置也相同，所包含的分工模式及协同模式见表 9-3。同时，为了研究竞争协同对搜索效率的影响，又在 mode3 基础上设置了 mode4。这样，可以将具有不同特征的 4 个组合模式罗列出来：

表 9-2　仿真参数设置

符号	含义	取值	符号	含义	取值
N_{rob}	机器人数	10～100	R_{max}	最大检测距离	100
N_{tgt}	目标数	10	R_{com}	最大通信半径	500
X_{max}	环境尺寸	1 000×1 000	N_{max}	最大子群规模	6
N_{obj}	障碍物数	5	Δt	时间步	$\frac{1}{3}$

（1）model1。基于贪婪算法的任务分工和细粒度协同。机器人检测目标信号强度后，按照贪婪算法选择信号最强的目标作为意向目标。意向目标相同的机器人结成子群，完成任务分工。任务分工不设调节机制，子群之间也不进行协同。而在子群内部，则基于扩展微粒群算法模型进行成员机器人之间的细粒度协同[166]。

（2）mode2。任务分工动态调节和细粒度协同。搜索开始时将群机器人随机划分为多个子群，并按检测信号强度分为搜索子群和漫游子群等两类。子群之间不进行协同，子群内部则基于扩展微粒群算法模型进行细粒度协同。搜索子群的规模基于奖惩机制进行动态调节，当子群检测到目标信号强度不断增大时给予奖励，从漫游子群中择优招聘机器人加入本子群。得到奖励较多时，按概率产生新的搜索子群；若在设定时间内搜索子群检测到的目标信号变小或维持不变，则给予惩罚，令较差成员脱离原搜索子群而成为漫游机器人直至子群解散[176]。

（3）mode3。任务分工动态调节和粗细粒度混杂协同，即本章方法。以机器人的检测能力和通信能力为基础，进行群机器人的动态任务分工，具有相同意向目标的机器人结成子群，并建立闭环机制对任务分工结果进行动态调节。子群之间进行粗粒度协同，子群内部进行细粒度协同[174]。

（4）mode4。去掉 mode3 中的竞争机制后得到，是为了考察竞争机制对搜索效率的影响而设置的。

表 9-3　用于不同算法的组合模式

模式	任务分工	协同特点	粗粒度内涵
mode1	贪婪算法	细粒度	—
mode2	动态调节	细粒度	—
mode3	动态调节	粗细粒度混杂	合作＋竞争
mode4	动态调节	粗细粒度混杂	合作

9.5.2　结果与讨论

1）混杂粒度协同机制对搜索效率的影响

仿真时，在搜索空间中设置 10 个待搜索目标并保持不变。改变群机器人规模，以 10 为级差，从 10 逐级递增到 100。规模每变化一次即分别使用 mode1、mode2 和 mode3 等方法各重复运行 35 次。图 9-6 所示为完成所有目标搜索所耗时间的比较。

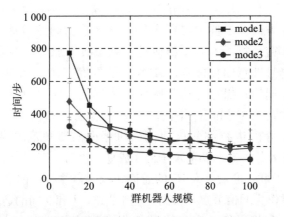

图 9-6　采用不同组合策略的搜索算法效率比较

不难发现，随着群体规模增大，用不同方法控制群机器人完成搜索所用时间均呈递减趋势。但不论群机器人系统的规模大小，使用本章方法完成搜索所用时间均最短。试分析如下：

（1）mode1 中，由于协同仅在子群内部发生，子群之间不存在协同，缺乏足够的共享信息作为社会经验指导机器人的搜索行为。表现为漫游机器人搜索进展缓慢；而待漫游机器人足够接近目标并检测到目标信号时，加入搜索子群，获得社会经验指导，子群内部进行细粒度协同。但是，由于任务分工无法动态调节，信号激励最强的目标吸引过多的机器人，机器人资源在目标之间配置失衡，搜索时间最长。而 mode2 和mode3 中，通过动态任务分工，使得子群规模趋衡，提高了搜索效率。特别是 mode3 中的粗细粒度混杂协同，使信息共享范围最大，搜索效率最高。

（2）mode2 中，通过奖惩，使优势子群规模扩大，劣势子群规模缩小，优化了机器人资源配置水平，故效果优于 mode1。但是，由于子群之间缺乏协同，信息共享范围限于单个子群。此外，各子群独立决策，难以解决可能出现的空间冲突现象，制约了效率提高，故算法表现逊于mode3。

（3）mode3 中，动态任务分工使机器人配置水平得以提高；粗粒度协同，则扩大了信息共享的范围。子群间的竞争协同，消除了 mode1 和mode2 因缺乏竞争协同机制，在目标聚集区域可能存在的空间冲突，在三种控制方法中效率最高[179]。

2）合作协同对机器人感知范围的作用

如图 9-7 所示，大实心圆表示目标及编号；小圆为机器人及编号，箭头表示运动方向。子群中红色成员可直接检测到该目标，绿色成员只能间接感知；蓝色机器人非子群成员，处于漫游状态；机器人左侧数字表示所属子群号即意向目标号；SP 表示子群发言人；不同子群发言人之间的红线表示通信；黑色方块和圆块为障碍物。时刻 $T=89$ 时，子群 3和子群 4 的发言人 R_{22} 和 R_5 距离较远，无法借助通信进行粗粒度协同，只能在各自子群内进行细粒度协同，机器人的感知范围限于所属子群。$T=90$ 时，任务分工动态调节，子群 9 成立，发言人 R_{13} 同时位于子群 3 的发言人 R_{22} 和子群 4 的发言人 R_5 的通信邻域内，并与这两个发言人分别交换信息，同时作为通信节点，协助建立子群 3，4 和 9 间的通信网络，开始粗粒度协同。由此可知，合作协同使得子群内机器人的感知范围得到扩大。

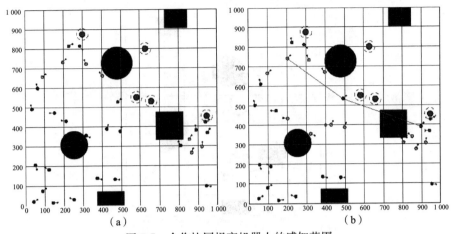

图 9-7　合作协同提高机器人的感知范围

(a) $T=89$；(b) $T=90$

3）竞争协同的作用

如图 9-8（a）所示，目标 T_2, T_4, T_6, T_{10} 在某局部区域集聚，吸引多个子群搜索，导致空间冲突。建立竞争协同机制。如图 9-8（b）和 9-8（c），$T=50$ 时，目标 T_1, T_2, T_3, T_4 位于搜索空间中部区域，子群 4 检测到多个目标后查阅最优记录表，发现其他子群尚未占有这些目标，因此承包并广播，其他子群接收到承包信息后"放弃"。之后，子群 4 先搜索到目标 T_4，再一一搜索被承包目标。$T=63$ 时，目标 T_4 和 T_2 依次被发现，之后搜索目标 T_1。待承包目标全部找到后，子群解散。这样，机器人资源配置维持在较理想水平。

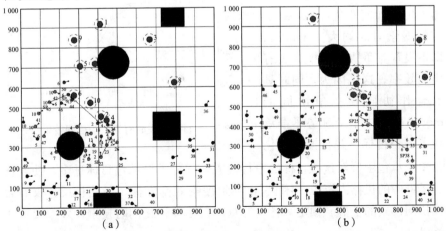

图 9-8　单子群承包多目标

(a) 目标局部聚集；(b) $T=50$

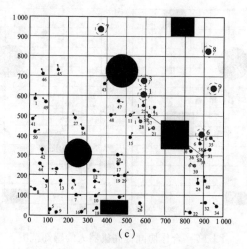

图 9-8　单子群承包多目标（续）

(c) $T = 63$

可见，在目标分布较为密集时，竞争协同机制被触发。如表 9-3 所示，mode3 和 mode4 均为具有动态调节的任务分工和粗细粒度混杂协同，不同之处在于粗粒度协同的方式。mode4 只有合作协同，而 mode3 同时具有合作协同和竞争协同[179]。

图 9-9 中，所有目标集中于搜索区域中部。随着群机器人规模扩大，两种模式的搜索时间都相应缩短。但无论群机器人规模如何变化，mode3 对应的搜索时间均大于 mode4，即不设置竞争协同的模式具有更高效率。这是因为，同时具有合作协同和竞争协同的mode3 模式中单个优势子群承包了多个目标，并行搜索演化

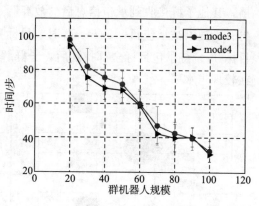

图 9-9　目标聚集时有无竞争协同效果比较

为单个承包子群对这些目标的串行搜索。优势子群承包目标过多，使非优势子群中的机器人资源"闲置"，导致搜索效率降低。与此相反，仅有合作协同模式的子群"锁定"各自的意向目标并行化同时搜索，效率要优于mode3。

图 9-10 中，所有目标在区域内随机分布。与图 9-9 所示结果相反，无

论群机器人规模如何变化，mode3 对应的搜索时间皆小于 mode4，说明同时具有合作协同和竞争协同的模式搜索效果更好。这是由于目标随机分布时，竞争协同既可避免子群之间发生空间冲突，又可通过承包机制"释放"部分机器人资源探索未知区域，从而提高了搜索效率。

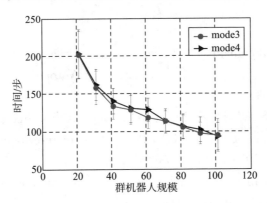

图 9-10　目标随机分布时有无竞争协同效果比较

可见，目标过于密集，触发竞争协同机制，单个子群搜索全部目标，mode3 效率较 mode4 差；目标位置随机分布，mode3 效率较 mode4 好。在实际搜索场景中，目标随机分布是常见情形，故粗粒度竞争协同可有效提高搜索效率。问题的关键是如何根据搜索区域中目标分布的密集程度，调节子群规模，优化机器人资源配置水平；合理触发竞争协同机制，既有效规避空间冲突导致的死锁现象，又能最大限度保证并行化搜索进行。

9.6　总结

在群体智能的自组织涌现框架内，通过子群联盟之间的合作协同，使机器人的感知范围得以扩大；通过子群联盟间的竞争协同，优化了机器人资源的配置水平，改善了机器人的空间冲突状况。合作协同和竞争协同组成的粗粒度协同，加上子群联盟内的细粒度协同综合作用，提高了群机器人的目标搜索效率。

参 考 文 献

[1] Gelenbe E, Schmajuk N, Staddon J, *et al*. Autonomous search by robots and animals: A survey [J]. Robotics and Autonomous Systems, 1997, 22(1): 23-34.

[2] Jennings JS, Whelan G, Evans WF. Cooperative search and rescue with a team of mobile robots [C]// Proceedings of International Conference on Advanced Robotics, 1997: 193-200.

[3] Beni G. From swarm intelligence to swarm robotics [C]// Springer Berlin Heidelberg, 2004, 3342: 1-9.

[4] Liu Y, Nejat G. Robotic urban search and rescue: A survey from the control perspective [J]. Journal of Intelligent and Robotic Systems, 2013, 72(2): 147-165.

[5] Murphy RR. Issues in intelligent robots for search and rescue [C]// Proceedings of SPIE - The International Society for Optical Engineering, 2000, 4024: 292-302.

[6] Marques L, Nunes U, Almeida ATD. Particle swarm-based olfactory guided search [J]. Autonomous Robots, 2006, 20(3): 277-287.

[7] Hayes AT. Self-organized robotic system design and autonomous odor localization [D]. California Institute of Technology, Pasadena, USA, 2002.

[8] Murphy RR. 人工智能机器人学导论 [M]. 北京: 电子工业出版社, 2004.

[9] Greggers U, Menzel R. Memory dynamics and foraging strategies of honeybees [J]. Behavioral Ecology and Sociobiology, 1993, 32(1): 17-29.

[10] Giraldo JA, Quijano N, Passino KM. Honey bee social foraging algorithm for resource allocation [M]// Springer Handbook of Computational Intelligence, Springer Berlin Heidelberg, 2015: 1361-1376.

［11］ Liu Y, Passino KM. Biomimicry of social foraging bacteria for distributed optimization：Models, principles, and emergent behaviors ［J］. Journal of Optimization Theory and Applications, 2002, 115 (3)：603-628.

［12］ Passino KM. Biomimicry of bacterial foraging for distributed optimization and control ［J］. IEEE Control Systems, 2002, 22 (3)：52-67.

［13］ Ramos V, Fernandes C, Rosa AC. On ants, bacteria and dynamic environments ［J］. arXiv Cornell University Library, 2005, 55 (11) .

［14］ Toner J, Tu Y. Flocks, herds, and schools：A quantitative theory of flocking ［J］. Physical Review E Statistical Physics Plasmas Fluids and Related Interdisciplinary Topics, 1998, 58 (4)：4828-4858.

［15］ Şahin E, Franks NR. Measurement of space：From ants to robots ［C］// Proceedings of International Workshop on Biologically-Inspired Robotics, 2002：241-247.

［16］ 谭民, 王硕, 曹志强. 多机器人系统 ［M］. 北京：清华大学出版社, 2005.

［17］ Brambilla M, Ferrante E, Birattari M, et al. Swarm robotics：A review from the swarm engineering perspective ［J］. Swarm Intelligence, 2013, 7 (1)：1-41.

［18］ 王玫, 朱云龙, 何小贤. 群体智能研究综述 ［J］. 计算机工程, 2005, 31 (22)：194-196.

［19］ Eberhart RC. Swarm Intelligence ［M］. 北京：人民邮电出版社, 2009.

［20］ 杨波, 方华京. 大规模群体系统的研究现状 ［J］. 武汉理工大学学报（信息与管理工程版）, 2007, 29 (1)：1-6.

［21］ Dorigo M, Gambardella LM, Middendorf M, et al. Guest editorial：Special section on ant colony optimization ［J］. IEEE Transactions on Evolutionary Computation, 2002, 6 (4)：317-319.

［22］ Beni G. Order by disordered action in swarms ［C］// Proceedings of Workshop on Swarm Robotics, Santa Monica, USA, 2004：153-171.

［23］ Martinoli A. Collective complexity out of individual simplicity ［J］. Artificial Life, 2006, 7 (3)：315-319.

［24］ 李夏, 戴汝为. 突现（emergence）——系统研究的新观念 ［J］. 控制

与决策,1999,14(2): 97-102.

[25] Han J,Cai Q. Emergence from local evaluation function [J]. Journal of Systems Science and Complexity,2003,16(3): 372-390.

[26] Li L,Martinoli A,Abu-Mostafa YS. Emergent specialization in swarm systems [J]. Lecture Notes in Computer Science, 2001, 2412: 195-204.

[27] 薛颂东,曾建潮. 群机器人研究综述 [J]. 模式识别与人工智能, 2008,21(2): 177-185.

[28] Grégoire G,Chaté H,Tu Y. Moving and staying together without a leader [J]. Physica D Nonlinear Phenomena, 2004, 181 (3-4): 157-170.

[29] Şahin E. Swarm robotics: From sources of inspiration to domains of application [M] // Swarm Robotics, Springer Berlin Heidelberg, 2004: 10-20.

[30] Dorigo M. Swarm robotics-Special issue editorial [J]. Autonomous Robots,2004,135(7): 473-473.

[31] Jones JL,Roth D. Robot programming: A practical guide to behavior-based robotics [M]. McGraw-Hill,2004.

[32] Akyildiz IF, Su W, Sankarasubramaniam Y, et al. Wireless sensor networks: A survey [J]. Computer Networks, 2002, 38 (4): 393-422.

[33] Balch T. Communication, diversity and learning: Cornerstones of swarm behavior [C] // International Conference on Swarm Robotics, Springer-Verlag,2004: 21-30.

[34] 李实,陈江,孙增圻. 清华机器人足球队的结构设计与实现 [J]. 清华大学学报（自然科学版）,2001,41(7): 94-97.

[35] 李尚荣,李永新,孙刚,等. RoboCup 小型足球机器人结构设计与分析 [J]. 机械与电子,2003(5): 49-51.

[36] Schmickl T, Crailsheim K. Trophallaxis among swarm-robots: A biologically inspired strategy for swarm robotics [C] // IEEE/RAS-EMBS International Conference on Biomedical Robotics and Biomechatronics,2006: 377-382.

[37] Castelpietra C,Iocchi L,Nardi D, et al. Coordination in multi-agent autonomous cognitive robotic systems [C] // International Cognitive

Robotics Workshop，Amsterdam，NL，2000.

［38］原魁，李园，房立新．多移动机器人系统研究发展近况［J］．自动化学报，2007，33(8)：785-794.

［39］Grushin A，Reggia JA. Stigmergic self-assembly of prespecified artificial structures in a constrained and continuous environment［J］. Integrated Computer-Aided Engineering，2006，13(4)：289-312.

［40］Payton D，Estkowski R，Howard M. Pheromone robotics and the logic of virtual pheromones［C］// International Conference on Swarm Robotics，Springer-Verlag，2004：45-57.

［41］谭民，范永．机器人群体协作与控制的研究［J］．机器人，2001，23(2)：178-182.

［42］王军，苏剑波．多传感器集成与融合概述［J］．机器人，2001，23(2)：183-186.

［43］Yadgar O，Kraus S，Ortiz CL. Hierarchical organizations for real-time large-scale task and team environments［C］// Proceedings of International Joint Conference on Autonomous Agents and Multiagent Systems，Bologna，Italy，2002：1147-1148.

［44］Zhang Y，Martinoli A，Antonsson EK. Evolutionary design of a collective sensory system［C］// Proceedings of AAAI Spring Symposium on Computational Synthesis，2003：283-290.

［45］Borenstein JJ，Everett HR，Feng LL，*et al*. Mobile robot positioning：Sensors and techniques［J］. Journal of Robotic Systems，1997，14(4)：231-249.

［46］Feng L. Where am I? Sensors and methods for autonomous mobile robot positioning［J］. Umr，1994，38(5) .

［47］王玲，邵金鑫，万建伟．基于相对观测量的多机器人定位［J］．国防科技大学学报，2006，28(2)：67-72.

［48］Martinelli A，Pont F，Siegwart R. Multi-robot localization using relative observations［C］// IEEE International Conference on Robotics and Automation，Barcelona，Spain，2005：2797-2802.

［49］王玲，刘云辉，万建伟．基于相对方位的多机器人合作定位算法［J］．传感技术学报，2007，20(4)：794-799.

［50］王玲 邵金鑫，万建伟．多机器人定位中基于熵的分布式观测量选择方法［J］．电子学报，2007，35(2)：333-336.

［51］ 姜键,赵杰,李力坤. 面向群智能机器人系统的声音协作定向［J］. 自动化学报,2007,33(4)：385-390.

［52］ Cui X,Hardin CT,Ragade RK,et al. A Swarm approach for emission sources localization［C］// IEEE International Conference on Tools with Artificial Intelligence,2004：424-430.

［53］ Martinson E,Payton D. Lattice formation in mobile autonomous sensor arrays［C］// International Workshop on Swarm Robotics,Santa Monica,USA,2004：98-111.

［54］ Pugh J,Martinoli A. Relative localization and communication module for small-scale multi-robot systems［C］// IEEE International Conference on Robotics and Automation,2006：188-193.

［55］ Pugh J,Martinoli A. Inspiring and modeling multi-robot search with particle swarm optimization［C］// Swarm Intelligence Symposium,Sis,2007：91-108.

［56］ Rothermich JA,Ecemiş Mİ,Gaudiano P. Distributed localization and mapping with a robotic swarm［M］// Swarm Robotics,Springer Berlin Heidelberg,2004：58-69.

［57］ Spears WM,Hamann JC,Maxim PM,et al. Where are you?［C］// International Workshop on Swarm Robotics,Rome,Italy,2006：129-143.

［58］ Kelly I,Martinoli A. A scalable,on-board localisation and comm-unication system for indoor multi-robot experiments［J］. Sensor Review,2004,24(2)：167-180.

［59］ Bayazit OB,Lien JM,Amato NM. Swarming behavior using probabilistic roadmap techniques［C］// International Workshop on Swarm Robotics,2004：112-125.

［60］ Lerman K,Martinoli A,Galstyan A. A review of probabilistic macroscopic models for swarm robotic systems［C］// International Workshop on Swarm Robotics,2004：143-152.

［61］ Nembrini J,Reeves N,Poncet E,et al. Mascarillons：Flying swarm intelligence for architectural research［C］// IEEE Swarm Intelligence Symposium,2005：225-232.

［62］ Dorigo M,Tuci E,Groß R,et al. The SWARM-BOTS Project［J］. Lecture Notes in Computer Science,2004,19(4)：31-44.

[63] Correll N, Martinoli A. Collective inspection of regular structures using a swarm of miniature robots [M]//Experimental Robotics IX, Springer Berlin Heidelberg, 2006: 375-386.

[64] Correll N, Martinoli A. Modeling and optimization of a swarm-intelligent inspection system [C] // Proceedings of International Symposium on Distributed Autonomous Robotic Systems, 2006, 81: 369-378.

[65] Correll N, Martinoli A. Modeling and analysis of beacon-based and beaconless policies for a swarm intelligent inspection system. [C]// IEEE International Conference on Robotics and Automation, Barcelona, Spain, 2005: 2488-2493.

[66] Correll N, Cianci CM, Raemy X, et al. Self-organized embedded sensor/actuator networks for "smart" turbines [C] // IEEE/RSJ International Conference on Intelligent Robots and Systems Workshop on Network Robot System, Beijing, China, 2006.

[67] Correll N, Martinoli A. Towards optimal control of self-organized robotic inspection systems [C] // Proceedings of the International Symposium on Robot Control, Santa Cristina Convent, Italy, 2006: 405-411.

[68] Spears WM, Spears DF, Hamann JC, et al. Distributed, physics-based control of swarms of vehicles [J]. Autonomous Robots, 2004, 17(2): 137-162.

[69] Spears WM, Spears DF, Heil R, et al. An Overview of Physicomimetics [J]. Lecture Notes in Computer Science, 2004, 3342: 84-97.

[70] Seyfried J, Szymanski M, Bender N, et al. The I-SWARM Project: Intelligent small world autonomous robots for micro-manipulation [C]// International Conference on Swarm Robotics, Springer-Verlag, 2004: 70-83.

[71] Caprari G, Colot A, Siegwart R, et al. Building mixed societies of animals and robots [J]. IEEE Robotics and Automation Magazine, 2005, 12: 58-65.

[72] Halloy J, Sempo G, Caprari G, et al. Social integration of robots into groups of cockroaches to control self-organized choices [J]. Science,

2007,318(5853).

[73] Agassounon W. Modeling artificial, mobile swarm systems [D]. California Institute of Technology, Pasadena, USA, 2003.

[74] Sharkey AJC. Swarm robotics and minimalism [J]. Connection Science, 2007, 19(3): 245-260.

[75] Lerman K, Galstyan A. A general methodology for mathematical analysis of multi-agent systems [J]. Usc Information Sciences, 2001.

[76] Martinoli A, Easton K. Modeling swarm robotic systems [J]. Experimental Robotics Ⅷ, 2002, 5: 297-306.

[77] Michel O. WebotsTM: Professional mobile robot simulation [J]. International Journal of Advanced Robotic Systems, 2004, 1(1).

[78] Lerman K, Galstyan A. Mathematical model of foraging in a group of robots: Effect of interference [J]. Autonomous Robots, 2002, 13(2): 127-141.

[79] Martinoli A. Swarm intelligence in autonomous collective robotics: From tools to the analysis and synthesis of distributed control strategies [J]. Journal of Diabetes Science and Technology, 1999, 3 (6).

[80] Barca J, Sekercioglu Y. Swarm robotics reviewed [J]. Robotica, 2013, 31(3): 345-359.

[81] Gerkey B, Vaughan RT, Howard A. The player/stage project: Tools for multirobot and distributed sensor systems [C]// Proceedings of the International Conference on Advanced Robotics, 2003: 317-323.

[82] Ijspeert AJ, Martinoli A, Billard A, et al. Collaboration through the exploitation of local interactions in autonomous collective robotics: The stick pulling experiment [J]. Autonomous Robots, 2001, 11(2): 149-171.

[83] Spears WM, Gordon DF. Using artificial physics to control agents [C]// Proceedings of IEEE International Conference on Information, Intelligence, and Systems, Washington, DC, USA, 1999: 281-288.

[84] Gordon-Spears DF, WM Spears. Analysis of a phase transition in a physicsbased multiagent system [J]. Lecture Notes in Computer Science, 2003, 2699: 193-207.

[85] Spears WM, Heil R, Spears DF, et al. Physicomimetics for mobile robot

formations [C] // International Joint Conference on Autonomous Agents and Multiagent Systems, Washington, DC, USA, 2004：1528-1529.

[86] Spears WM, Heil R, Zarzhitsky D. Artificial physics for mobile robot formations [C] // IEEE International Conference on Systems, Man and Cybernetics, 2005：2287-2292.

[87] Spears D, Kerr W, Spears W. Physics-based robot swarms for coverage problems [J]. International Journal on Intelligent Control and Systems, 2006, 11(3).

[88] Kerr W, Spears D, Spears W, et al. Two formal gas models for multiagent sweeping and obstacle avoidance [J]. Lecture Notes in Computer Science, 2005, 3228：111-130.

[89] 谢丽萍, 曾建潮. 面向群机器人目标搜索的拟态物理学方法 [J]. 模式识别与人工智能, 2009, 22(4)：647-652.

[90] Spears WM, Spears DF, Heil R. A formal analysis of potential energy in a multi-agent system [J]. Lecture Notes in Computer Science, 2005, 3228：131-145.

[91] Kari J. Theory of cellular automata：A survey [J]. Theoretical Computer Science, 2005, 334(1-3)：3-33.

[92] Ilachinski AZ. Cellular Automata：A Discrete Universe [J]. Kybernetes, 2003, 32(4).

[93] Shen WM, Chuong CM, Will P. Simulating self-organization for multi-robot systems [C] // IEEE/RSJ International Conference on Intelligent Robots and Systems, 2002：2776-2781.

[94] Shen WM, Will P, Galstyan A, et al. Hormone-inspired self-organization and distributed control of robotic swarms [J]. Autonomous Robots, 2004, 17(1)：93-105.

[95] 曾建潮, 介婧, 崔志华. 微粒群算法 [M]. 北京：科学出版社, 2004.

[96] Pugh J, Segapelli L, Martinoli A. Applying aspects of multi-robot search to particle swarm optimization [J]. Lecture Notes in Computer Science, 2006, 4150：506-507.

[97] Lilienthal A, Ulmer H, Frohlich H, et al. Gas source declaration with a mobile robot [C] // IEEE International Conference on Robotics and Automation, 2004, 2(2)：1430-1435.

[98] 孟庆浩, 李飞, 张明路, 曾明, 魏小博. 湍流烟羽环境下多机器人主动嗅

觉实现方法研究［J］. 自动化学报,2008,34(10)：1281-1290.

［99］ 蓝艇,刘士荣. 受生物群体智能启发的多机器人系统研究［J］. 机器人,2007,29(3)：298-304.

［100］ Saunders J, Call B, Curtis A, et al. Static and dynamic obstacle avoidance in miniature air vehicles［J］. AIAA Infotech,2006.

［101］ Chang DE, Shadden SC, Marsden JE, et al. Collision avoidance for multiple agent systems［C］// IEEE Conference on Decision and Control,2003：539-543.

［102］ Di Chio C,Poli R,Di Chio P. Extending the particle swarm algorithm to model animal foraging behavior［J］. Lecture Notes in Computer Science,2006,4150：514-515.

［103］ Di Chio C, Poli R, Di Chio P. Modelling group-foraging behaviour with particle swarms［J］. Lecture Notes in Computer Science,2006, 4193：661-670.

［104］ Rekleitis I. Cooperative localization and multi-robot exploration［C］// McGill University,2003.

［105］ Thrun S. Bayesian landmark learning for mobile robot localization［J］. Machine Learning,1998,33(1)：41-76.

［106］ Siegwart R, Nourbakhsh IR, Scaramuzza D, et al. Introduction to autonomous mobile robots(2nd edition)［M］. MIT Press,2011.

［107］ Fox D, Burgard W, Dellaert F, et al. Monte Carlo localization： Efficient position estimation for mobile robots［C］// 16th National Conference on Artificial Intelligence and 11th Conference on Innovative Applications of Artificial Intelligence, Orlando, USA, 1999：343-349.

［108］ Fox D,Thrun S,Burgard W,et al. Particle filters for mobile robot localization［M］// Sequential Monte Carlo Methods in Practice, Springer New York,2013：401-428.

［109］ Martinelli A. The odometry error of a mobile robot with a synchronous drive system［J］. IEEE Transactions on Robotics and Automation,2002,18(3)：399-405.

［110］ Fox D, Burgard W, Kruppa H, et al. A probabilistic approach to collaborative multi-robot localization［J］. Autonomous Robots, 2000,8(3)：325-344.

［111］ Arras KO, Tomatis N, Jensen BT, *et al*. Multisensor on-the-fly localization: Precision and reliability for applications ［J］. Robotics and Autonomous Systems, 2001, 34: 131-143.

［112］ Neira J, Tardos JD, Horn J, *et al*. Fusing range and intensity images for mobile robot localization ［J］. IEEE Transactions on Robotics and Automation, 1999, 15(1): 76-84.

［113］ Roumeliotis SI, Bekey GA. Distributed multirobot localization ［J］. IEEE Transactions on Robotics and Automation, 2002, 18(5): 781-795.

［114］ Kennedy J, Eberhart R. Particle swarm optimization ［C］// Proceedings of IEEE International Conference on Neural Networks, 1995: 1942-1948.

［115］ Schutte JF, Reinbolt JA, Fregly BJ, *et al*. Parallel global optimization with the particle swarm algorithm ［J］. International Journal for Numerical Methods in Engineering, 2004, 61(13): 2296-2315.

［116］ 许有准, 曾文华. 并行演化算法研究进展 ［J］. 模式识别与人工智能, 2005, 18(2): 183-192.

［117］ 王元元, 曾建潮, 谭瑛. 基于带控制器并行结构模型的并行微粒群算法 ［J］. 系统仿真学报, 2007, 19(10): 2171-2176.

［118］ 黄芳, 樊晓平. 基于岛屿群体模型的并行粒子群优化算法 ［J］. 控制与决策, 2006, 21(2): 175-179.

［119］ 赵勇, 岳继光, 李炳宇, 等. 一种新的求解复杂函数优化问题的并行粒子群算法 ［J］. 计算机工程与应用, 2005, 41(16): 58-60.

［120］ 李建明, 万单领, 迟忠先, 等. 一种基于 GPU 加速的细粒度并行粒子群算法 ［J］. 哈尔滨工业大学学报, 2006, 38(12): 2162-2166.

［121］ Chang JF, Chu SC, Pan JS. A parallel particle swarm optimization algorithm with communication strategies ［J］. Journal of Information Science and Engineering, 2005, 21(4): 809-818.

［122］ Koh BI, George AD, Haftka RT, *et al*. Parallel asynchronous particle swarm optimization ［J］. Communications in Numerical Methods in Engineering, 2006, 67(4): 578-595.

［123］ 罗建宏, 张忠能. 并行仿真的粒子群优化算法异步模式研究 ［J］. 计算机仿真, 2005, 22(6): 68-70.

［124］ 职为梅, 王芳, 范明, 杨勇. 并行环境下的同步异步 PSO 算法 ［J］. 计

算机技术与发展,2009,19(3):123-126.

[125] Venter G, Sobieszczanski-Sobieski J. A parallel particle swarm optimization algorithm accelerated by asynchronous evaluations [J]. Journal of Aerospace Computing, Information, and Communication, 2006, 3(3):123-137.

[126] Henrich D, Honiger T. Parallel processing approaches in robotics [C]// Proceedings of the IEEE International Symposium on Industrial Electronics, 1997:7-11.

[127] Hereford J, Siebold M. Multi-robot search using a physically-embedded particle swarm optimization [J]. International Journal of Computational Intelligence Research, 2008, 4(2):197-209.

[128] Hereford JM, Siebold M, Nichols S. Using the particle swarm optimization algorithm for robotic search applications [C]// IEEE Swarm Intelligence Symposium, 2007:53-59.

[129] Ridge E, Kudenko D, Kazakov D, et al. Moving nature-inspired algorithms to parallel, asynchronous and decentralised environments [C]// Self-Organization and Autonomic Informatics, 2005:35-49.

[130] Xue S, Zeng J. Sense limitedly, interact locally: The control strategy for swarm robots search [C]// IEEE International Conference on Networking, Sensing and Control, 2008:402-407.

[131] Kolda TG, Torczon VJ. Understanding Asynchronous Parallel Pattern Search [J]. High Performance Algorithms and Software for Nonlinear Optimization, 2001, 82:316-335.

[132] Kowadlo G, Rawlinson D, Russell RA, et al. Bi-modal search using complementary sensing (olfaction/vision) for odour source localization [C]// Proceedings of IEEE International Conference on Robotics and Automation, 2006:2041-2046.

[133] Jatmiko W, Sekiyama K, Fukuda T. A PSO-based mobile robot for odor source localization in dynamic advection-diffusion with obstacles environment: Theory, simulation and measurement [J]. IEEE Computational Intelligence Magazine, 2007, 2(2):37-51.

[134] 张亚鸣,雷小宇,杨胜跃,等. 多机器人路径规划研究方法 [J]. 计算机应用研究,2008,25(9):2566-2569.

[135] 熊举峰,谭冠政,皮剑. 群机器人仿真系统设计与实现 [J]. 计算机

工程与应用,2007,43(30)：104-107.

[136] 国家安全生产监督管理局. 国家安全生产科技发展规划（煤矿领域研究报告）［EB/OL］.2009,http：//www.jxmkaqjc.gov.cn/2004-8/200484174359.htm.

[137] 李军远,陈宏钧,张晓华,邓宗全. 基于信息融合的管道机器人定位控制研究［J］. 控制与决策,2006,21(6)：661-665.

[138] Bahl P, Padmanabhan VN. RADAR：An in-building RF-based user location and tracking system［J］.Institute of Electrical and Electronics Engineers Inc,2000,2：775-784.

[139] 王鲜霞,冯国瑞. 高斯分布在山西煤矿烟羽扩散中的应用［J］. 太原理工大学学报,2006,37(3)：331-333.

[140] 丁信伟,王淑兰. 可燃及毒性气体泄漏扩散研究综述［J］. 化学工业与工程,1999,16(2)：118-122.

[141] 贾智伟,景国勋,张强. 瓦斯爆炸事故有毒气体扩散及危险区域分析［J］. 中国安全科学学报,2007,17(1)：91-95.

[142] 种秀华,任志国,丁新国. 毒气扩散的界面化数值模拟［EB/OL］.2007, http：//www.paper.edu.cn/downloadpaper.php?serial _ number＝ 200709-38&type＝1.

[143] 中华人民共和国信息产业部.800/900MHz频段射频识别（RFID）技术应用规定（试行）［J］. 中国无线电,2007,5.

[144] 游战清. 无线射频识别技术（RFID）理论与应用［M］. 北京：电子工业出版社,2004.

[145] LM Ni,Y Liu,YC Lau,*et al.* LANDMARC：Indoor location sensing using active RFID［J］. Wireless Networks,2004,10(6)：701-710.

[146] 石鹏,徐凤燕,王宗欣. 基于传播损耗模型的最大似然估计室内定位算法［J］. 信号处理,2005,21(5)：502-504.

[147] 冯浩然,袁睿翕,慕春棣. 无线网络中基于信号强度的定位及算法比较［J］. 计算机工程与应用,2006,42(32)：1-3.

[148] 陈永光,李修和. 基于信号强度的室内定位技术［J］. 电子学报,2004,32(9)：1456-1458.

[149] 邓宏彬,贾云得,刘书华,等. 一种基于无线传感器网络的星球漫游机器人定位算法［J］. 机器人,2007,29(4)：384-388.

[150] Li D, Hu YH. Energy-based collaborative source localization using acoustic microsensor array［J］.Eurasip Journal on Advances in

Signal Processing,2003,2003(4)：1-17.

[151] 李卓凡,沙斐,陈嵩. 用空间传播和 RCS 模型研究 RFID 装置最大识别距离 [J]. 雷达科学与技术,2006,4(2)：115-120.

[152] 刘艳文,王福豹,段渭军. 无线传感器网络定位系统的设计原则与方法研究 [J]. 计算机应用研究,2007,24(10)：89-92.

[153] 张旭东,陆明泉. 离散随机信号处理 [M]. 北京：清华大学出版社,2005.

[154] 曹雪虹,张宗橙. 信息论与编码 [M]. 北京：清华大学出版社,2004.

[155] 孙佩刚,赵海,罗玎玎,等. 智能空间中 RSSI 定位问题研究 [J]. 电子学报,2007,35(7)：1240-1245.

[156] Doctor S, Venayagamoorthy GK, Gudise VG. Optimal PSO for collective robotic search applications [C] // IEEE Congress on Evolutionary Computation,2004：1390-1395.

[157] Marjovi A, Marques L. Multi-robot olfactory search in structured environments [J]. Robotics and Autonomous Systems, 2011, 59(11)：867-881.

[158] 刘宗春,田彦涛,李成凤. 动态阻尼环境下多领导者群体机器人系统协同跟踪控制 [J]. 机器人,2011,33(4)：385-393.

[159] Meng Y, Gan J. Self-adaptive distributed multi-task allocation in a multi-robot system [C] // Conference of IEEE World Congress on Computational Intelligence,Hong Kong,2008：398-404.

[160] 姜健,臧希喆,闫继宏,等. 基于一种蚁群算法的多机器人动态感知任务分配 [J]. 机器人,2008,30(3)：254-258, 263.

[161] Liu L, Shell D. Large-scale multi-robot task allocation via dynamic partitioning and distribution [J]. Autonomous Robots,2012,33(3)：291-307.

[162] 柳林,季秀才,郑志强. 基于市场法及能力分类的多机器人任务分配方法 [J]. 机器人,2006,28(3)：337-343.

[163] Dahl TS, Mataric M, Sukhatme GS. Multi-robot task allocation through vacancy chain scheduling [J]. Robotics and Autonomous Systems,2009,57(6)：674-687.

［164］ Zhang D, Xie G, Yu J, *et al*. Adaptive task assignment for multiple mobile robots via swarm intelligence approach ［J］. Robotics and Autonomous Systems,2007,55(7)：572-588.

［165］ Konur S, Dixon C, Fisher M. Analysing robot swarm behavior via probabilistic model checking ［J］. Robotics and Autonomous Systems, 2012,60(2)：199-213.

［166］ Derr K, Manic M. Multi-robot, multi-target particle swarm optimization search in noisy wireless environments ［C］// Proceedings of IEEE Conference on Human System Interactions, Catania,Italy,2009：81-86.

［167］ 张国有,曾建潮. 基于黄蜂群算法的群机器人全区域覆盖算法 ［J］. 模式识别与人工智能,2011,24(3)：431-437.

［168］ 张嵛,刘淑华. 多机器人任务分配的研究与进展 ［J］. 智能系统学报,2008,3(2)：115-120.

［169］ 肖潇,方勇纯,贺锋,等. 未知环境下移动机器人自主搜索技术研究 ［J］. 机器人,2007,29(3)：224-229.

［170］ 徐志丹,莫宏伟. 生物地理信息优化算法中迁移算子的改进 ［J］. 模式识别与人工智能,2012,25(3)：544-549.

［171］ Xue S, Zhang J, Zeng J. Parallel asynchronous control strategy for target search with swarm robots ［J］. International Journal of Bio-Inspired Computation,2009,1(3)：151-163.

［172］ Tang Q, Eberhard P. A PSO-based algorithm designed for a swarm of mobile robots ［J］. Structural and Multidisciplinary Optimization, 2011,44(4)：483-498.

［173］ Hereford JM, Siebold MA. Bio-inspired search strategies for robot swarms ［M］//Swarm Robotics,From Biology to Robotics,I-Tech, Vienna,Austria,2010.

［174］ 张云正, 薛颂东, 曾建潮. 群机器人多目标搜索中带闭环调节的动态任务分工 ［J］. 机器人,2014,36(1)：57-68.

［175］ Tan Y, Zheng Z. Research advance in swarm robotics ［J］. Defence Technology,2013,9(1)：18-39.

［176］ Couceiro MS, Rocha RP, Ferreira NMF. A novel multi-robot exploration approach based on particle swarm optimization algorithms［C］// Safety, Security, and Rescue Robotics, 2011： 327-332.

［177］ Zheng Z, Tan Y. Group explosion strategy for searching multiple targets using swarm robotic［C］// Evolutionary Computation, 2013：821-828.

［178］ 翟中和,王喜忠,丁明孝. 细胞生物学［M］. 北京：高等教育出版 社,2007：469-479.

［179］ 张云正,薛颂东,曾建潮. 群机器人多目标搜索中的合作协同和竞争 协同［J］,机器人,2015,37(2)：142-151.